ANJA STEINKAMP

Hühner

AUSWÄHLEN | HALTEN | PFLEGEN

KOSMOS

INHALT

IN 3 SCHRITTEN ZUM EXPERTEN

 alles im Überblick

Am Anfang des Kapitels finden Sie das Wichtigste auf einen Blick. Seitenverweise führen Sie gezielt zu den ausführlichen Informationen.

 alles Wissenswerte

Abgeschlossene Doppelseiten bieten weiterführende Informationen zu den Themen. Entweder lesen Sie von hier aus weiter oder Sie gehen zurück zum Überblick, um das nächste Thema auszuwählen.

 alle Extras

Das könnte Sie auch noch interessieren, denn hier finden Sie Themen, die über das Wesentliche hinausgehen. Diese Seiten sind kein Muss, machen aber neugierig und Lust auf mehr.

SCANNEN UND ERLEBEN

 QR-Codes im Buch scannen: Der schnelle Zugang zu weiteren Infos und Filmen rund um Ihr Tier. Mit diesem Code oder unter www.m.kosmos.de/13581/t1 gelangen Sie zur Übersicht der QR-Codes. Wir empfehlen Ihnen eine WLAN-Verbindung zu nutzen, um lange Ladezeiten zu vermeiden.

AUSSUCHEN

VERSORGEN

VERSTEHEN

Stall und Hühner
AUSSUCHEN

GRUNDAUSSTATTUNG

S. 14

Alle angemeldet?

Sobald die Hühner eingezogen sind, müssen einige einfache Formalitäten erledigt werden. Alle Hühner werden angemeldet. Die Internetseiten der örtlichen Behörden geben Auskunft, an wen man sich wenden kann. Oft ist es z. B. das Veterinäramt. Außerdem muss eine Anmeldung bei der Tierseuchenkasse des Bundeslandes erfolgen.

S. 18

Checkliste

Das brauchen Sie vor dem Einzug der Hühner:

- ❏ Stall
- ❏ Eingangsklappe
- ❏ Hühnerleitern
- ❏ Futterrinne
- ❏ Futternäpfe
- ❏ Wassertränke
- ❏ Legenester

Auslauf

- ❏ sichere Einzäunung
- ❏ Kleine Überdachung
- ❏ Wassertränke

Sonstiges

- ❏ Transportbox

S. 30

S. 32

Vielfalt

Welches Huhn soll es sein? Eines mit guter
Legeleistung, also vielen Eiern? Oder gar
ein Schlachthuhn? Eine Zwierasse, die auf
vielfältige Nutzung gezüchtet wurde? Jede
Rasse hat eigene Vorteile und Eigenschaften.
Es bringt jedoch wenig, sich auf eine exotische
und seltene Rasse festzulegen, die einem
super gefällt, aber kaum erhältlich ist. Vielleicht schaut man zunächst, welche Hühner
in der Gegend verfügbar sind, und vergleicht
dann deren Eigenschaften und entscheidet,
was am besten „passt".

Eingewöhnung

In einem gut vorbereiteten Stall und Auslauf
werden sich neue Hühner schnell zu Hause
fühlen. Wichtig ist es, anfangs jede Hektik im
Umgang mit den noch schreckhaften Tieren
zu vermeiden. Leckerbissen helfen gerade zu
Beginn, um die Tiere anzulocken und an uns
zu gewöhnen. Anlocken ist ohnehin immer
besser als den Hühnern hinterher zu jagen.

S. 27

Transport

Hat man die richtigen Hühner gefunden, so
werden sie in Pappkartons oder in speziellen
Transportboxen transportiert. Dunkelheit sorgt
für eine gewisse Beruhigung. Eine ausreichen-
de Luftzufuhr ist selbstverständlich.

WO HÜHNER
herkommen

DAS WILDE HUHN Das Bankivahuhn *Gallus gallus* ist ein Wildvogel aus Asien und wird heute als Vorfahre aller Haushühner anerkannt. Es ist recht klein, ähnelt aber durchaus unseren Haushühnern, man könnte es für ein hübsches kleines Zwerghuhn halten.

In den antiken Kulturen der Chinesen, Inder, Ägypter und Römer wurden bereits Hühner gehalten und gezüchtet. Dabei ging es allerdings weniger um die Eier und das Fleisch, sondern oft um die Verehrung und Bewunderung der Tiere. Die Hennen wurden für ihre fürsorgliche Art, die Küken zu führen, bewundert, die Hähne wegen des imposanten Aussehens, dem lauten Ruf und der großen Kampfbereitschaft. Vor allem die Römer waren besonders von den Kampfhähnen und ihrem Mut angetan und züchteten die Tiere mit großer Begeisterung.

Ein Bankiva Hahn Der stolze Vorfahre all unserer Haushühner kann in seiner Farbenpracht mit jedem Rassetier mithalten.

Ein bunter Haufen Ob Wildtier oder Haustier, Hühner wollen in einer Gruppe leben.

Das nützliche Huhn

Das Huhn als echtes Nutztier ist hingegen noch recht jung, wobei es hier eine gewisse Entwicklung gibt, die bis heute anhält. Das Huhn aus traditioneller Bauernhaltung, wie man es aus Bilderbüchern kennt, ist selten geworden. Doch Hühner wurden auch schon immer in der Stadt gehalten. Gerade in Krisenzeiten oder in Zeiten der Rückbesinnung rückte das Huhn in den Fokus der Bevölkerung. Noch in den 50er und 60er Jahren gab es in den Städten und Vorstädten in vielen Gärten Hühnerställe und jeweils eine kleine Hühnerschar.

Auch heute werden Hühner als Fleisch- und Eierlieferant oder einfach nur aus Freude an den Tieren gehalten. Entsprechend viele ganz unterschiedliche Hühnerrassen gibt es: große Hühner bis über 5 kg, Zwerghühner unter 1kg, schnell wachsende Fleischrassen, Legerassen mit einer Legeleistung von 300 Eiern pro Jahr oder besonders hübsche Rassen.

Das Hobby-Huhn

Der Hobbyhalter freut sich an den hübschen Tieren, versucht besonders typvolle Rassehühner zu züchten oder besinnt sich darauf, Eier und vielleicht auch Fleisch selbst zu produzieren. In Zeiten von Lebensmittelskandalen und einer gewissen Entfremdung von unverarbeiteten ganz elementaren Lebensmitteln wird dieses Thema immer interessanter und es hat auch einen neuen und modernen Namen: *Home* oder *Hobby Farming*.

In der landwirtschaftlichen Produktion, die hier nicht das Thema sein soll, gibt es die idyllische bäuerliche Hühnerhaltung kaum noch. Aber sie hat bei einigen leidenschaftlichen Hühnerhaltern und Züchtern überlebt und erlebt gerade ein Comeback in den Gärten der Städte und natürlich auch in den ländlichen Gebieten.

Der Hahn Chef und Bodyguard.

Biologie
WAS HÜHNER AUSMACHT

Systematik

Das Haushuhn *Gallus gallus domesticus* gehört innerhalb der Tierklasse der Vögel zur Ordnung der Hühnervögel, der Familie der Fasanenartigen und zur Gattung der Kammhühner. Das Haushuhn ist eine Unterart des wilden Bankivahuhnes. Der Bauplan der Hühner entspricht dem typischen und bekannten Vogelbauplan mit Federn, Schnabel und Flügeln.

Wie alle Hühnervögel sind Haushühner eher schlechte Flieger, allerdings sollte man sie auch nicht unterschätzen, vor allem die kleinen Rassen können durch plötzliche Flugmanöver überraschen.

Groß und Klein

Trotzdem ist jede Hühnerrasse anders. Fast wie bei den Hunden, wo es vom Chihuahua bis zum Bernhardiner unendlich viele Typen gibt, haben auch die Hühner Riesen wie Jersey Giants und Zwerge wie die Seramas zu bieten. Die äußere Gestalt ist sehr variabel. Neben der Größe unterscheiden sich auch Körperform, Art der Befiederung, Federfarbe und -muster, Eiergröße und -farbe und die Legeleistung, also die Anzahl der gelegten Eier, die immer pro Jahr angegeben wird. Wer also auf tägliche Frühstückseier Wert legt, sollte bei der Auswahl der Rasse auch hierauf achten.

Bitte nicht stören Im Nest möchten Hühner ihre Ruhe haben, denn Eierlegen erfordert Konzentration.

Der Lohn Frische Eier von glücklichen Hühnern. Welcher Hühnerhalter träumt nicht davon?

Eier, Eier, Eier

Allen Hühnerrassen gemeinsam ist die vergleichs-
weise große Anzahl an Eiern, die andere Vögel
deutlich in den Schatten stellt. Zierhühner, deren
Zuchtauswahl nur aufgrund äußerer Merkmale
erfolgt, legen tendenziell weniger Eier. Doch auch
eher legefaule Rassen kommen auf 60 bis 80 Eier
pro Jahr. Hochleistungshühner schaffen mehr als
300 Eier. Zum Vergleich: Ein Sperling oder Spatz
legt pro Jahr maximal vier Gelege mit je sechs
Eiern, also insgesamt nur 24 Eier.

Hochleistung

Ein Ei stellt eine beträchtliche biologische Masse
dar. Täglich ein Ei zu legen, bedeutet energetisch
etwa die gleiche Leistung, als würde dem Tier
jeden Tag ein neuer Flügel oder ein neues Bein
wachsen. Dies ist eine körperliche Leistung, die
bei der Fütterung berücksichtigt werden sollte.
Bei der Zucht unserer Haushühner war das Eierlegen ein wichtiges Kriterium. Eier zu produzieren hat daher oft einen gewissen Vorrang, was
bedeutet, dass auch bei unzureichender Fütterung
Eier gelegt werden können. Das kann zu Mangelerscheinungen führen, das Tier ist geschwächt
und ausgezehrt.

Nie allein

Alle Hühner sind gesellige Tiere, die in größeren
Gruppen mit vielen Hennen und einem oder
mehreren Hähnen zusammenleben. Das soziale
Gefüge kann kompliziert sein. Es gibt eine strenge
Rangordnung, die Hackordnung, die sich von
Zeit zu Zeit ändern kann. Auch das sollte man als
Hühnerhalter berücksichtigen, beeinflussen kann
man es jedoch kaum.

WAS HÜHNER KÖNNEN
1. **Zwerg Wyandotte** Sie legt 160 Eier pro Jahr
2. **Flieger** Hühner sind nur mittelmäßige Flieger
3. **Glückliche Hühner** Wohlfühlen in der Gruppe

LUST AUF
Hühnerhaltung

EIN GANZ BESONDERES HOBBY Hühnerhaltung ist je nach Wohnort ein etwas ungewöhnliches Hobby. In den ländlichen Gebieten trifft man noch häufiger auf Hühnerhalter, in den Städten und an den Stadträndern ist die Zahl seit den 50er Jahren zunächst stark gesunken. In den letzten Jahren hat die Hühnerhaltung eine Renaissance erfahren: Die Lust auf Landleben ist zurückgekehrt und damit wurde die Hühnerhaltung wieder en vogue, auch in der Stadt.

Die Motivation und der Wunsch, Hühner zu halten, können dabei ganz unterschiedlich sein. An erster Stelle steht sicher die Freude am Federvieh. Aber Hühner haben auch andere Aspekte. Viele Züchter erfreuen sich an der Schönheit der Tiere und haben dementsprechend individuelle Vorlieben für besondere Rassen. Die Zucht dient dabei immer dem Ziel, besonders schöne, typvolle und gesunde Tiere einer Rasse zu züchten.

Rettung in letzter Sekunde

Hobbyzüchter haben noch eine andere, ganz wichtige Aufgabe: Durch die Industrialisierung der Hühnerhaltung zur Eier- und Fleischproduktion ist die frühere Vielfalt an Hühnerrassen akut gefährdet. Wie auch bei anderen Haustieren hat sich die landwirtschaftliche Produktion auf wenige Rassen und Typen festgelegt. Ohne die Hobbyzucht wären viele wunderschöne alte Rassen verloren gegangen. Dabei haben es die Hühner aber doch etwas besser erwischt als andere Haustiere, denn die Hobbyhaltung und Zucht von Hühnern ist leichter als die von Kühen, Schweinen usw. Einige Züchter haben sich zu sogenannten Erhaltungszuchtringen zusammengeschlossen, mit dem Ziel, durch gezielte Zucht, strenge Dokumentation und die Vermeidung von Inzucht die alten Hühnerrassen, deren Eigenschaften und damit die genetische Vielfalt zu erhalten.

Landleben, auch in der Stadt

Zunehmend finden auch junge Menschen und Familien mit Kindern die Freude an der Hühnerhaltung wieder. Anders als vor ein paar Jahrzehnten ist es nicht die wirtschaftliche Not und Sorge um die Ernährungsgrundlage, die uns dazu treibt. Mit der Hühnerhaltung kann man einen Zweig der Nahrungsmittelproduktion umgehen, der auch durch viele Skandale sehr umstritten ist. Selbst auf Biohöfen entspricht die Hühnerhaltung nicht mehr dem, was wir aus den Bilderbüchern unserer Kindheit kennen oder was unsere Großeltern noch miterlebt haben. Wie bei so vielen Nahrungsmitteln haben wir uns auch vom Huhn und seinen Eiern entfremdet und es macht einfach Spaß, gerade Kindern dieses Erlebnis wieder nahezubringen.

Selbstversorger

Mit einer kleinen Hühnerschar und einem Gemüsegarten kann man sich sogar in der Stadt ein wenig selbst versorgen. In den meisten Fällen bleibt man zwar weit von echter Selbstversorgung entfernt, doch auch die Teilverwirklichung kann Spaß machen und ist ein besonderes Erlebnis für die ganze Familie, für Freunde und Nachbarn, die man gelegentlich mit Eiern beschenkt. Selbst erzeugte und vor allem mit Verantwortungsgefühl erzeugte Lebensmittel werden immer beliebter. Wer kann und möchte, kann gelegentlich auch Hühner und Hähne schlachten, um Fleisch zu gewinnen, doch das wird noch an anderer Stelle erwähnt.

Charakterkopf So sieht ein gesundes Huhn aus, klare Augen, ein glatter Schnabel, dichtes Gefieder und immer aufmerksam.

EIN PAAR DINGE VORAB
Rechtliches

DER KLEINE LANDWIRT Für den Gesetzgeber und die Behörden ist jeder Hühnerhalter so etwas Ähnliches wie ein landwirtschaftlicher Betrieb. Anders als Hund, Katze oder Meerschweinchen gilt das Huhn als landwirtschaftliches Nutztier, selbst wenn es nie geschlachtet werden sollte und vielleicht auch kaum Eier legt, z. B. weil es schon zu alt ist. Es ist dabei unerheblich, ob die Haltung gewerblich oder als Hobby erfolgt. Daher sind einige Regeln für alle Hühnerhalter einzuhalten und Pflichten zu erfüllen, die sich je nach Region etwas unterscheiden können.

Anmeldungen

Man muss die Hühnerhaltung bei den Behörden anmelden. Zuständige Behörden und Ämter können je nach Region z. B. die Veterinärämter, die Ämter für Landwirtschaft und Forsten oder die Gesundheitsämter sein. Diese Behörden benötigen einen Ansprechpartner, z. B. um im Seuchenfall alle Halter zu informieren. Die Meldung ist jedoch eine einfache und meist einmalige Angelegenheit. Außerdem muss mindestens einmal im Jahr eine Meldung über die Größe des

Wir sind angemeldet Auch eine kleine Hühnerschar muss bei den Behörden angemeldet und regelmäßig geimpft werden.

Zuwachs Erst sind es nur drei, bald vielleicht mehr. Zuwachs, selbst gezüchtet oder gekauft, muss nachgemeldet werden.

Personalausweis Mit einem geschlossenen Ring, wie Züchter ihn verwenden, kann ein Huhn immer identifiziert werden

Bestandes an die jeweilige Tierseuchenkasse des Bundeslandes erfolgen. Dies ist eine Art staatliche Versicherung, die den Landwirten im Fall von Tierseuchen eine Entschädigung zahlt. Der jährliche Beitrag beträgt für Hobbyhalter mit einigen Tieren nur wenige Euro, ist aber verpflichtend.

Impfpflicht

Außerdem gibt es für Hühner eine Impfpflicht. Sie betrifft die Newcastle-Krankheit, die auch atypische Geflügelpest genannt wird. Gegen diese Erkrankung, die für den Menschen übrigens ungefährlich ist, wird viermal jährlich geimpft. Die Impfung erfolgt über das Trinkwasser und ist sehr einfach. Diese Impfungen werden z. B. über Geflügelzüchter-Vereine organisiert. Auskünfte über Impfmöglichkeiten erteilen auch Tierärzte, die Tierärztekammern oder die Veterinärämter. Anschließend wird eine Impfbescheinigung ausgestellt, die als Nachweis aufgehoben werden sollte.

Auch andere Medikamentengaben müssen in einer einfachen Tabelle festgehalten werden, z. B. die Verabreichung einer Wurmkur oder Ähnliches.

Die Einhaltung dieser Regeln wird bei Hobbyhaltern aufgrund des nötigen Verwaltungsaufwandes kaum überprüft. Dennoch empfiehlt es sich, sie einzuhalten. Der Aufwand ist gering und Kosten entstehen kaum.

Baugenehmigung

Im örtlichen Bauamt gibt es Auskunft darüber, ob man eine Baugenehmigung für ein kleines Gartenhäuschen benötigt. Oft geht es ohne Genehmigung. Dennoch holt man zunächst lieber eine verbindliche Auskunft ein.

Nachbarn und Vermieter

Um jeglichen Ärger zu vermeiden, sollte schon in der Planungsphase geklärt werden, ob die Hühnerhaltung erlaubt ist. Fragen Sie gegebenenfalls bei Ihrem Vermieter nach und bereiten Sie Ihre direkten Nachbarn auf das Federvieh vor. In den meisten Fällen werden leichte Zweifel mit ein paar geschenkten Eiern von sichtbar glücklichen Hühnern schnell zerstreut.

Ringe

Für Hühner besteht keine Ringpflicht. In Vereinen organisierte Züchter beringen die Küken mit geschlossenen und nummerierten Ringen. Die Küken wachsen dann in die Ringe hinein und diese lassen sich nicht mehr abnehmen. So kann das Tier immer eindeutig identifiziert werden. Außerdem gibt es frei verkäufliche farbige Spiralringe oder Ringe, die man zusammendrücken kann. Diese dienen beispielsweise dazu, um sehr ähnliche Tiere zu unterscheiden.

DARAN SOLLTEN SIE DENKEN
Organisation

NACHBARN Jede Tierhaltung sollte nicht nur die Bedürfnisse der Tiere berücksichtigen, sondern auch Rücksicht auf Nachbarn und Mitmenschen nehmen. Bei der Hühnerhaltung bedeutet dies vor allem, dass die Hühner im Sommer trotz frühem Sonnenaufgang nicht zu früh in den Auslauf gelassen werden, wo ihr gelegentliches Gackern doch etwas stören könnte. Das Krähen eines oder mehrerer Hähne ist natürlich noch lauter. Daher gilt in eng bebauten Wohngebieten die frühmorgendliche Ausgangssperre ganz besonders für eine Hühnerhaltung mit einem oder mehreren Hähnen. Außerdem sollten Stall und Auslauf so im Garten platziert werden, dass der Abstand zu anderen Gebäuden und Grundstücksgrenzen ausreichend ist. Bei einer kleinen Hühnerschar von circa vier Hennen ist das nicht so wichtig, wohl aber bei vielen Tieren, die man deutlich hört. Zudem geht von einer größeren Hühnerhaltung auch ein gewisser Stallgeruch aus. Bei normaler Hobbyhaltung von vielleicht 10 bis 20 Tieren reichen jedoch wenige Meter Abstand aus. Und nicht zuletzt sollte man die Freude an der Hühnerhaltung mit den Nachbarn teilen, indem man bei guter Legeleistung ein paar Eier verschenkt und den Nachbarkindern erklärt, wo das Frühstücksei herkommt.

Guten Morgen Vom Krähen des Hahnes geweckt zu werden ist zwar romantisch, gefällt aber vielleicht nicht jedem Nachbarn.

Ruhe bewahren Der Stall bleibt bis 7 oder 8 Uhr geschlossen. So reduziert sich frühmorgendliches Gackern und Krähen.

Endlich Geht die Hühnerklappe endlich auf, stürmen alle Tiere freudig nach Draußen. Der Tag kann beginnen.

Tagesablauf

Wer Tiere hält, muss etwas Zeit investieren. Der Zeitaufwand einer gut eingespielten Hühnerhaltung ist jedoch nicht allzu groß.

Morgens braucht man nur ein paar Minuten, um den Stall zu öffnen und die Hühner zu füttern. Dabei sollte man auf eine gewisse Regelmäßigkeit achten, denn die Hühner möchten auch am Wochenende ihren Rhythmus beibehalten und nicht lang „ausschlafen". Eine gelegentliche Ausnahme nehmen sie allerdings nicht übel, vor allem wenn der Stall groß genug ist. Abends wird der Stall zur Sicherheit geschlossen, das sollte auch rechtzeitig geschehen. Gleichzeitig werden die Eier eingesammelt. Größere Reinigungsarbeiten werden am Wochenende erledigt und belasten den allgemeinen Tagesablauf nicht.

Urlaub

Anders als andere Haustiere kann man eine Hühnerschar nicht mal eben bei Freunden unterbringen. Wenn man in den Urlaub fährt, müssen sie vor Ort versorgt werden. In der Nachbarschaft, im Freundeskreis oder in der Familie findet sich immer jemand, der das gerne übernimmt und im Gegenzug die Eier bekommt. Kurzfristig ist die Versorgung wirklich leicht, dennoch sollte man zunächst einen kleinen Probelauf machen und die wichtigen Dinge auf einem kleinen Merkzettel zusammenfassen, vor allem die tägliche Futtermenge und Kontaktdaten für Notfälle.

Wer eine automatische, zeitgesteuerte Türöffnung besitzt, muss den Helfer nicht überstrapazieren. Ein täglicher Besuch zum Füttern und Eiereinsammeln reicht aus. Ohne Automatik muss die Tür morgens geöffnet und abends geschlossen werden. Ließe man den Stall einfach offen, besteht die Gefahr, dass Marder oder andere Räuber eindringen und den Hühnern an den Kragen gehen. Sind die Hühner doch einmal einen Tag ohne Betreuung, gibt man zuvor einfach die doppelte Futtermenge und stellt sicherheitshalber einen zusätzlichen Tränkeeimer in den Stall oder Auslauf. Wer Mühe hat, einen Betreuer für die Urlaubszeit zu finden, dem sei die Mitgliedschaft in einem Geflügelverein empfohlen. Auf diesem Wege findet man Kontakt zu anderen Hühnerfreunden in der Umgebung, die zudem erfahren sind und kaum eine Einweisung benötigen. Beim erfahrenen Hühnerhalter sind die Hühner im Urlaub natürlich in den besten Händen.

WOHNRAUM FÜR HÜHNER
Der Stall

EIN HÜHNERSTALL MUSS HER Grundlage für die artgerechte Haltung von Hühnern ist eine gute Unterbringung. Wichtig sind die richtige Größe und die leichte Reinigung. Andere Aspekte wie z. B. Sicherheit und Wetterfestigkeit müssen ebenfalls berücksichtigt werden. Schaut man sich um, stellt man fest, dass es so viele verschiedene Ställe gibt wie Hühnerhalter. Einer will ein Schmuckstück für den Garten, der andere einen praktischen Zweckbau oder der Nächste möchte einen alten Schuppen umfunktionieren. Hier ein paar Ideen, um den eigenen Traumstall zu finden.

Die passende Größe

Die Angaben zur idealen oder minimalen Stallgröße variieren sehr stark. Dabei lassen wir die Angaben zur landwirtschaftlichen Hühnerhaltung einmal außer Acht, weil sich die Hobbyhaltung sehr davon unterscheidet. Je nach Hühnergröße, Harmonie in der Gruppe und Aktivität wird ein Quadratmeter oft als Minimum für vier Tiere angegeben. Können die Tiere tagsüber in den Auslauf, ist dies vielleicht ausreichend. Doch wenn man bedenkt, dass die Tiere auch mal für einige Zeit im Stall eingesperrt sind, kann man gerade bei größeren Hühnern schnell in die Situation kommen, sich von Tieren trennen zu müssen, weil die Stallgröße nicht ausreicht. Generell gilt: Je größer, umso besser. Außerdem sollte man schon bei der Planung mit einkalkulieren, dass das eine oder andere Huhn hinzukommen kann. Viele Anfänger, die für vier oder fünf Hühner geplant haben, mussten schon im nächsten Jahr anbauen, weil der Wunsch nach weiteren schönen Hühnern vorhanden war. Daher plant man lieber gleich mit ein bis zwei Hühnern pro Quadratmeter. Den Hühnern reicht übrigens eine Deckenhöhe von ca. einem Meter. Allerdings ist die Versorgung und Reinigung viel leichter, wenn der Stall mindestens 1,90 m hoch ist und der Mensch bequem darin stehen kann.

Sanierter Altbau

Oft gibt es schon ein vorhandenes Nebengebäude, z. B. einen alten Schuppen, ein Gartenhaus, eine Garage oder Ähnliches. So ein Altbau, oder ein Teil davon, kann leicht als Hühnerstall genutzt werden. Wichtig sind ein dichtes Dach, Lüftungsmöglichkeiten, eine geeignete Stelle an der Wand, um einen Hühnereingang einzulassen und natürlich die Nähe zum zukünftigen Auslauf. Der Innenraum sollte nicht zu viele Ritzen und Fugen haben, z. B. durch altes, brüchiges Mauerwerk, denn hier nistet sich leicht Ungeziefer ein. Notfalls hilft ein neuer Putz oder der Austausch einiger Holzelemente. Es muss nicht schön aussehen, aber eine glatte Wandfläche erleichtert die spätere Pflege und gibt Milben weniger Raum.

Hühnerparadies Ein wetterfester Stall und ein eingezäunter Garten. So einfach kann der Start in die Hühnerhaltung sein.

Neubau aus Holz

Eine der preiswertesten Möglichkeiten ist sicherlich ein Gartenhaus aus Holz im Selbstbau bzw. als Bausatz aus dem Baumarkt. Es gibt eine große Auswahl und die nötigen Umbauten sind leicht umzusetzen.

Je nach Bodenbeschaffenheit wird zunächst ein Fundament erstellt. Oft reichen auch alte Beton- oder Gehwegplatten, die gerade verlegt wurden. Darauf wird der Bausatz aufgestellt. Als Boden können die Betonplatten dienen. Oft ist in den Bausätzen auch ein Holzfußboden vorgesehen, dieser sollte jedoch versiegelt werden. Man kann eine bereits versiegelte Platte einsetzen, z. B. eine Siebdruckplatte, wie sie auch im Fahrzeugbau eingesetzt wird, oder eine mit Kunststoff beschichtete Spanplatte. Alle Fugen werden sorgfältig mit Silikon abgedichtet. In eine Wand wird ein Hühnereingang gesägt. Die Größe der Öffnung richtet sich nach der Größe der Hühner.

Bauwagen-Idylle

Ein alter Bauwagen kann ebenfalls als Hühnerstall dienen. Seine Beweglichkeit ist vor allem für große Grundstücke sinnvoll, um Stall und Auslauf regelmäßig zu versetzen. Ist alles kahl gefressen, wird der Bauwagen umgestellt. So haben die Hühner immer frisches Grün zur Verfügung und die vorherige Fläche hat Zeit, um sich zu erholen. Erfahrungsgemäß sind jedoch einige Umbaumaßnahmen notwendig, bevor die Hühner einziehen können. Wie bei jedem anderen Stall auch muss alles leicht zu reinigen sein. Das Dach muss dicht und der Boden kotfest sein. Ritzen und Fugen im Innenbereich können zum Problem werden, wenn sich Milben darin verkriechen.

Fertigstall

Tatsächlich kann man auch fertige Ställe für Hobbyhalter kaufen. Wer wenig Geduld hat oder nicht so viel handwerkliches Geschick, findet hier vielleicht eine passende Alternative. Die entsprechenden Bausätze sind schnell zusammengebaut. Es gibt sogar mobile Modelle auf Rädern. Weitere Umbauten sind nicht erforderlich. Allerdings sollte man prüfen, ob Anbauten und Erweiterungen möglich sind, da die Hühnerschar manchmal schnell wächst, wenn man dem Hobby Huhn erst einmal verfallen ist. Dies gilt besonders für kleinere Ställe und die dazugehörigen Ausläufe.

Auslauf
FRISCHE LUFT UND SONNE

GRÖSSE Nach den aktuellen Regeln der Bio-Landwirtschaft und Freilandhaltung von Hühnern benötigen diese einen Auslauf von 4 m² pro Huhn. Diese Angabe dient schon mal als Orientierung, doch bei den meisten Hobbyhaltern ist sowieso alles anders. Viele haben z. B. kleine Volieren für einzelne Zuchtgruppen und öffnen zeitweise den ganzen Garten für die Hühner. Andere haben große, gut eingezäunte Freiläufe oder leicht versetzbare Zäune, damit immer ein anderes Stück Grünland genutzt werden kann. Ideal wären sicherlich 10 bis 15 m² pro Huhn, was in der Stadt allerdings nicht immer erreicht werden kann. Dann ist es umso wichtiger, dass die Hühnertruppe harmonisch ist und der Auslauf interessant gestaltet wird.

Überdachte Zone

Damit die Tiere auch bei Regen nicht sofort in den Stall müssen, stellt man ihnen ein kleines Dach auf. Für eine Handvoll Zwerghühner reicht z. B. eine Doppelstegplatte oder Wellplastik, ca. 1,5 x 0,75 m groß, mit ein paar Holzbeinen darunter.

Staubbad

Oft wird auch vom Sandbad gesprochen, doch Hühner baden tatsächlich in ganz feinem Staub. Hierzu streut man z. B. feinen Sand und etwas Holzasche in einer Mulde aus. Mit einem kleinen Dach darüber können die Tiere das Staubbad auch bei feuchtem Wetter nutzen.

Romantik Ein renoviertes altes Gartenhäuschen ist ideal für eine kleine Hühnerschar.

Luxus Ein überdachtes Staubbad können die Tiere immer benutzen und dort auch kleine Regenschauer abwarten.

Wie in der Natur Bäume und Büsche werden als Deckung und Rückzugsort genutzt. So fühlen sich die Hühner sicher.

Wellnesszone

In einem Auslauf ohne Deckung fühlen sich Hühner oft etwas unsicher. Eine Bepflanzung ist daher nicht nur hübsch sondern auch nützlich. Da Hühner jedoch alles Grüne beknabbern und Wurzeln freischarren, sollten die Pflanzen ungiftig, robust und nicht zu klein sein. Geeignet sind z. B. niedrigstämmige Obstbäume, Haselsträucher, Weide oder Eberesche (Vogelbeere). Ein paar liegende Baumstämme und ein kleiner Komposthaufen mit leckeren Regenwürmern erhöhen die Attraktivität des Auslaufes.

Versorgung

Eine Tränke sollte im Freilauf nicht fehlen. Nur bei starkem Frost beschränken sich die meisten Hühnerhalter auf Tränken im Stall, da sie dort leichter eisfrei zu halten sind. Füttern Sie Ihre Hühner lieber im Stall, da draußen Wildvögel angelockt werden und sich dadurch das Infektionsrisiko erhöhen könnte. Einige Leckerchen aus der Hand und alles, was sofort gefressen wird, sind jedoch kein Problem.

Der Zaun

Wer seine Hühner frei im Garten laufen lässt, braucht einen Zaun, und sei es nur, um die Tiere von der Straße oder aus Nachbars Garten fernzuhalten. In den meisten Fällen wird ein Auslauf eingezäunt, damit die Hühner in ihrem Areal bleiben und gleichzeitig vor Feinden geschützt sind. Zaunpfähle und -material gibt es in verschiedenen Ausführungen, z. B. im Baumarkt oder bei landwirtschaftlichen Ausrüstern. Wer sehr kleine Hühnerrassen hält oder regelmäßig Küken hat, muss auf die Maschenweite des Zaunes achten. Sogenannter Küken- oder Volierendraht ist besonders engmaschig und sicher. Außerdem sollte man bedenken, dass die Hühner viel scharren und auch unter dem Zaun hindurchschlüpfen können. Daher wird der Zaun etwas in die Erde eingelassen oder mit Steinplatten gesichert.

UNTERBRINGUNG In diesem Film wird gezeigt, wie Stall und Auslauf aussehen könnten. Unter www.m.kosmos.de/13581/v2 gelangen Sie zu den gleichen Infos.

Sicherheit
VOR MARDER, FUCHS & CO

EIN- UND AUSBRUCHSSICHER Leider sind Hühner nicht nur bei Menschen beliebt, sondern auch bei einigen Raubtieren. Da unsere Hühner tagsüber draußen leben, gibt es keine hundertprozentige Sicherheit. Je nachdem wie hoch die Gefährdung eingeschätzt wird und wie viel Mühe und Aufwand betrieben wird, kann man für die Tiere jedoch eine recht sichere Umgebung schaffen.

Andere Haustiere

Hund und Katze können eine Gefahr darstellen. Ausgewachsene Hühner sind für Katzen zwar zu groß, doch ein Küken wäre in akuter Gefahr. Auch Hunde mit Jagdtrieb können allen Hühnern gefährlich werden, doch mit einem Zaun kann man sie relativ leicht fernhalten.

Böse Überraschung Vor diesen Besuchern müssen wir unsere Hühner beschützen. Auch in der Stadt gibt es Füchse und Marder.

Zapfenstreich Dämmert es, gehen die Hühner ganz von allein in den Stall, wo es sicher ist.

Kleiner Held Ein guter Hahn beschützt seine Hennen jederzeit, tagsüber im Auslauf und auch nachts im Stall.

Wildtiere

Einige Wildtiere sind ganz wild auf „Hühnchen", dazu gehören vor allem Füchse, Marder, Ratten, Krähen und Raubvögel. Gerade in der Stadt wird die Gefahr oft unterschätzt. Tatsächlich kommen all diese Räuber auch in Großstädten vor, wenn auch seltener als auf dem Land. Sie sind aber recht scheu, jagen nur in der Dämmerung oder Nacht und werden von uns kaum wahrgenommen.

Der Fuchs ist vor allem für freilaufende Hühner eine Gefahr. Er gräbt sich unter den Zäunen hindurch, außerdem ist er recht hartnäckig. Tagelang kommt er zum Stall, um die Lage zu sondieren und weiterzugraben.

Marder sind besonders gefürchtet, weil sie sich auch durch kleine Spalten hindurchquetschen können und dann viele oder gar alle Hühner töten. Ratten nagen sich durch Holzbretter oder graben sich unter Zäunen hindurch. Sie können Küken töten und auch erwachsene Hühner gefährden. Krähen und Raubvögel greifen aus der Luft an, sind aber meistens nur für Küken gefährlich.

Sicherheitsmaßnahmen

Am sichersten ist es, wenn die Hühner nur bei Tag draußen sind. Sobald es dämmert, gehen sie von allein in den bekannten Stall. Dann sollte auch bald die Tür geschlossen werden. Eine Tür mit Zeitautomatik hilft, wenn man nicht immer rechtzeitig zu Hause sein kann.

Türen und Fenster müssen gut geschlossen und Lüftungsöffnungen mit engem Volierendraht gesichert werden.

Der Auslauf ist schwerer zu schützen. Tagsüber reicht in der Regel ein normaler Zaun oder Volierendraht, der 30 bis 50 cm tief im Boden versenkt oder gut mit Steinen befestigt wird. Kleine Auslaufflächen können oben mit Schutznetzen oder Volierendraht abgedeckt werden, um Greifvögel auszusperren. Ist der Auslauf zu groß, geben Bäume und Sträucher oder kleine überdachte Flächen etwas Deckung.

Bodyguard

Ein guter und selbstbewusster Hahn dient seinen Hennen als Bodyguard. Er geht unter Umständen auf jeglichen Angreifer los, selbst wenn dieser deutlich größer ist als er. Mit seinen Sporen hat er eine wirkungsvolle Waffe, die er geschickt einsetzt. Währenddessen können sich seine Hennen in Sicherheit bringen.

Die letzte Sicherheitsinstanz ist jedoch immer der Mensch. Beim täglichen Füttern kontrolliert man nebenbei die Anlage. Die Hühnertür wird nicht zu früh geöffnet und nicht zu spät geschlossen, Löcher im Zaun werden schnell geflickt, so genießen die Hühner optimale Sicherheit.

DIE PASSENDE
Inneneinrichtung

SCHÖNER WOHNEN Normalerweise werden sich Hühner fast nur zum Schlafen und für die Ei-ablage im Stall aufhalten. Trotzdem muss auch im Stall alles stimmen, damit die Hühner sich wohl fühlen, gesund bleiben und fleißig legen. Außerdem sind die Tiere im Ausnahmefall auch tagsüber im Stall, z. B. im Winter bei Schneefall. Die notwendige Stallgröße ist abhängig von der Tiergröße und Anzahl. Vor allem in kleinen Ställen werden alle Einrichtungsgegenstände so platziert oder angeordnet, dass sie möglichst keine Boden-, also Lauffläche verbrauchen.

Sitzstangen

Als Sitzstangen verwendet man Rundholz oder Latten mit eckigem Querschnitt, aber abgerundeten Kanten. Das Holz sollte glatt und dennoch griffig sein. Der Durchmesser richtet sich nach der Größe der Hühner. Die Füße sollten das Holz fassen, aber nie ganz umschließen, sondern eine gute Auflagefläche haben. Das schont die Füße und beugt Druckstellen an den Ballen vor. Benötigt man mehrere Sitzstangen, werden sie mit einem Abstand von mindestens 30 cm

Inspektion Hühner können sehr wählerisch sein. Wenn ein Nest nicht gefällt, wird es nicht benutzt.

Passt Nur wenn das Nest einen sicheren Eindruck macht, werden dort Eier gelegt. Hühner wissen, wie kostbar die Eier sind.

zueinander und 20 cm zur Wand angebracht. Bringt man sie in gleicher Höhe an, gibt es weniger Unruhe und Streit unter den Tieren, denn die höheren Plätze sind begehrt, da sie mehr Sicherheit bedeuten. Je nach Hühnergröße und Harmonie in der Gruppe benötigt man pro Huhn mindestens 25 cm Stange.

Für flugunfähige Hühner, z. B. Seidenhühner, bevorzugen viele Halter sehr niedrig angebrachte Sitzstangen. Mit einer guten Hühnerleiter sind auch höhere Sitzstangen kein Problem. Etwas höhere Sitzstangen haben außerdem den Vorteil, dass auch unter den Stangen bzw. dem Kotbrett noch Lauffläche erhalten bleibt.

Kotbrett

Unter den Sitzstangen wird ein leicht zu reinigendes und herausnehmbares Kotbrett angebracht, z. B. Regalböden aus Metall, Kunststoffplatten oder gut beschichtetes Holz. Darauf fällt der Nachtkot und die darunterliegende Lauffläche des Stalles bleibt sauber.

Hühnerleitern

Hühnerleitern helfen den Hühnern verschiedene Ebenen im Stall zu erreichen, z. B. Sitzstangen, Nester, Eingang usw. Eine Hühnerleiter ist schnell gebaut. Man verwendet z. B. ein stabiles Brett, auf das im Abstand von ca. 15 cm kleine Kanthölzer als Sprossen aufgeschraubt werden. Für die Befestigung an der Sitzstange können Haken an ein Ende geschraubt werden. Die notwendige Breite der Hühnerleiter ist abhängig von den Hühnern. Große Hühner, flugunfähige und solche mit Befiederung an den Füßen brauchen eher breite Leitern, kleinen flinken Zwerghühnern reichen 15 cm vollkommen aus.

Licht und Luft Jeder Stall braucht Licht und Belüftung. Fenster und Belüftungsklappen werden fuchs- und mardersicher gebaut.

Belüftung

Hühnerkot, der auch den Urin der Tiere enthält, riecht recht stark. Wenn die Luft im Stall steht, bildet sich daraus giftiger Ammoniak. Eine gute Belüftung ist daher wichtig, auch weil Staub abzieht und Frischluft hereinkommt. Ein paar regulierbare und mit Gitter gesicherte Lüftungsklappen schaffen Abhilfe. Kühle Temperaturen sind auch im Winter kaum ein Problem. Hühner sind sozusagen frostfest. Der Luftstrom muss aber unbedingt so verlaufen, dass die Hühner auf der Sitzstange keine Zugluft abbekommen, also am besten zwei Lüftungsklappen jeweils oben an gegenüberliegenden Wänden einbauen.

Fenster

Jeder Stall sollte mindestens ein kleines Fenster haben, um das Tageslicht hineinzulassen. Wenn die Tiere den ganzen Tag im Auslauf sind, ist dies nicht so wichtig, wohl aber, wenn sie für einige Zeit drinnen bleiben müssen oder wollen, z. B. bei Schnee oder Quarantäne. Auch Ihnen erleichtert es die Reinigung und die täglichen Handgriffe im Stall.

LEGENESTER,
Trog & Tränke

STROM Der Hühnerstall muss nicht unbedingt an das Stromnetz angeschlossen werden, den Hühnern reicht das Tageslicht. Allerdings erleichtert ein Stromanschluss und Licht einiges, gerade im Winter, wenn es lange dunkel ist und das Wasser schnell friert.

Tränke und Trog

Wasser kann in allen möglichen leicht zu reinigenden Behältern angeboten werden. Besonders praktisch und beliebt sind Glockentränken und Tränkeeimer. Beide schützen das Wasser vor Verschmutzung. Stellen Sie die Tränke dennoch auf zwei Backsteine, damit die Hühner keinen Dreck hineinscharren.

Eine längliche Futterrinne oder ein Futtertrog ist Schalen vorzuziehen, denn so können viele Tiere gleichzeitig fressen, ohne dass Futterneid aufkommt. An einer Futterrinne von 50 cm Länge können 8 bis 10 Hühner ohne Streit gleichzeitig fressen.

TIPP: TRÄNKEWÄRMER

Im Winter muss das gefrierende Trinkwasser mehrmals am Tag gewechselt werden oder man verwendet einen Tränkewärmer. Es gibt verschiedene Systeme. Gut sind wärmende Untersetzer, die unter die Tränke gelegt werden.

Immer sauber Eine erhöht stehende Tränke wird nicht mit Schmutz zugescharrt. So bleibt das Trinkwasser sauber.

Guten Appetit An einer langen Futterrinne können viele Hühner gleichzeitig und ohne Streit fressen.

Brüderlich geteilt In einer harmonischen Gruppe wird das Nest auch gemeinsam genutzt.

Hühnertransport Eine praktische Box zum stressfreien Transport einzelner Tiere. Für mehrere Tiere gibt es unterteilte Boxen.

Legenester

Als Legenest eignet sich eine einfache offene oder oben geschlossene Holzkiste mit etwas Heu. Gerne wird auch eine Katzentoilette oder eine Transportbox für Kleintiere genommen. Diese sind aus Kunststoff, lassen sich leicht reinigen und letztere kann vielfältig genutzt werden. Ein Nest reicht etwa für drei Hennen. Gibt es zu wenige Nester, werden die Eier irgendwo im Stall oder im Auslauf in eine Mulde gelegt: Man kann jeden Tag Eier suchen und Ostern feiern. Liegen bereits Gipseier darin, steigen die Nester bei den Hennen enorm im Ansehen.

Echte Profis benutzen Rollnester aus dem landwirtschaftlichen Handel. Hier fallen die Eier durch ein Loch des Nestes in eine Schublade und sind so vor Eierpicken, Eiertramplern und unerwünschten Brutversuchen geschützt.

Transportbox

Eine Kleintiertransportbox kann als Legenest und Transporter genutzt werden. Praktisch sind echte Hühnertransportkisten mit Zwischenwänden zum Transport von mehreren Tieren. Jedes Abteil muss jedoch einen eigenen Deckel haben, damit die Tiere kontrolliert herausgenommen werden können.

Hühnerklappe und Türöffner

Hühner brauchen ihre eigene Tür. Das dazugehörige Loch sollte ca. 30 cm über dem Boden in die Wand eingelassen werden. Geschlossen wird es mit einem verriegelbaren Türchen oder einem sogenannten Schieber, einer Platte, die in zwei Führungsschienen an einer Schnur hochgezogen oder heruntergelassen werden kann. Die Größe der Hühnerklappe sollte der Tiergröße angepasst werden. Zwerghühner brauchen eine Tür etwa in DIN-A4-Größe.

Wärme

Wärmelampen werden vor allem für die Küken gebraucht, aber auch kranke Tiere können sich darunter erholen. Um im Winter die Tränke eisfrei zu halten, verwendet man einen Tränkenwärmer.

Quarantänekäfig

Sicherheitshalber sollte auch mindestens ein Quarantänekäfig vorhanden sein. Es reicht ein größerer Meerschweinchen- oder Kaninchenkäfig, den man in einen getrennten Raum stellt. Kranke Tiere können hier z. B. unter einer Wärmelampe ausruhen.

DIE PASSENDEN
Hühner finden

VEREINE Wer sich für eine besondere Hühner-rasse entschieden hat oder noch unsicher ist und persönlichen Kontakt zu Hühnerhaltern sucht, ist bei den Vereinen der Geflügelhalter und -züch-ter an der richtigen Adresse. Oft sind es kleine Vereine, die über jeden Interessenten froh sind und gerne Tipps und Erfahrungen weitergeben. Außerdem veranstalten die Vereine regionale und überregionale Ausstellungen, auf denen die besten Tiere präsentiert werden. Das ist eine gute Gelegenheit, verschiedene Hühnerrassen live zu sehen und erste Kontakte zu Züchtern bestimmter Rassen zu knüpfen. Nach den Aus-stellungen werden oft auch Tiere verkauft. Eine gute Möglichkeit, Tiere zu erwerben, die zuvor durch einen erfahrenen Richter beurteilt wurden.

Kleinanzeigen

Viele Züchter bieten überzählige Tiere in Zeitun-gen oder im Internet an. Anfänger sollten even-tuell einen erfahrenen Hühnerhalter mitnehmen, wenn sie ihre ersten Hühner abholen. So hat man noch eine zweite Meinung zum Geschlecht der Tiere und zum gesundheitlichen Zustand.

Internetforen

Es lohnt sich auch, in Internetforen mit Gleich-gesinnten Erfahrungen auszutauschen. Auch hier werden Tiere angeboten und User, die schon länger im Forum aktiv sind, genießen meist ein höheres Vertrauen als Fremde. Oft hält man

Mutterglück Eine Glucke brütet jedes Ei und führt auch fremde Küken fürsorglich. Auch diese Henne hat eine bunte Kükenschar.

weiter Kontakt, berichtet von der weiteren Entwicklung der Tiere und vielleicht später auch einmal von den damit erzielten Zuchterfolgen.

Geflügelmärkte

Von Zeit zu Zeit gibt es Vieh-, Geflügel- oder Kleintiermärkte, auf denen auch Hühner angeboten werden. Die Bedingungen für die Tiere sind oft nicht optimal und viel zu stressig. Anfänger sollten hier nicht oder zumindest nicht allein kaufen, sondern einen erfahrenen Hühnerkenner begleiten, der vielleicht sogar den einen oder anderen Anbieter kennt.

Gewerbliche Zuchtbetriebe

Gewerbliche Zuchtbetriebe bieten Rassehühner und Hochleistungshybriden in verschiedenen Altersklassen an. Die Rassehühner entsprechen dabei aber nicht immer ganz den strengen Anforderungen, die die Vereine an das äußere Erscheinungsbild der Tiere stellen. Doch wenn man nur ein paar nette Hühner und ein paar Eier möchte, spielt das keine große Rolle.

Bruteier

Wer schon einige Hennen besitzt, von denen gerade eine gluckt, kann sich auch Bruteier von einem anderen Züchter kaufen und sogar schicken lassen. Gut verpackt überstehen die Eier die Reise gut. Viele Züchter besitzen auch einen Brutautomaten und sind vielleicht bereit, ein paar Eier mit auszubrüten. So kommt man auch zu Rassen, die eher selten sind und deren Züchter weit entfernt wohnen. Allerdings weiß man bei ausgebrüteten Eiern nie im Voraus, was aus den Eiern schlüpft: Hahn oder Henne.

VOM EI ZUM HÜHNCHEN
1. **Technik** Ein Brutautomat ersetzt eine Glucke.
2. **Kinderstube** Die Kükenbox ist warm und sicher.
3. **Naturbrut** Die Henne sorgt für Sicherheit.

Rassen,
FARBEN UND MEHR

DIE QUAL DER WAHL Die Vielfalt an Hühnerrassen ist nahezu unendlich. Der Anfänger sollte sich zunächst darüber klar werden, welche Leistungen er von seinen Hühnern erwartet. Viele Eier, Fleischlieferanten, erstklassige Rassetiere oder einfach nur hübsche und zutrauliche Tiere für den Garten?

Zwerghuhn oder Riese?

Auch Hühner gibt es in verschiedenen Größen. Von vielen Rassen gibt es Zwergformen. Der Platzbedarf für Zwerge ist etwas geringer als bei den Großen, dafür legen sie sehr viele, aber kleine Eier und sind oft lebhafter als die große Verwandtschaft.

Legehühner oder Fleischrassen

Die höchsten Legeleistungen haben Legehybriden aus gewerblichen Zuchtbetrieben. Auch unter den Rassetieren gibt es Hühner mit beachtlicher Legeleistung, z. B. das Leghorn oder den Westfälischen Totleger. Reine Fleischrassen sind in der Hobbyhaltung eher selten.

Hühnerhalter, die dem Selbstversorgungsgedanken nachgehen, wählen oft sogenannte Zwiehühner. Diese Rassen haben eine hohe Legeleistung, gutes Wachstum und eignen sich auch zum Schlachten. Welsumer und Sundheimer gehören zu den Zwiehühnern und sind recht robust.

① Viele Hühner sind nicht reinrassig, aber es gibt auch nette Mischlinge.

② Sussex-Henne in Weiss Schwarz Columbia

③ Zwerg-Wyandotte in Braun gebändert

Das besondere Huhn

Einige Hühnerrassen finden vor allem wegen
ihres ganz besonderen Aussehens Freunde. So
z. B. die Seidenhühner, deren Federn fellartig
wirken. Die Legeleistung ist jedoch eher gering
und die Eier sind recht klein. Allerdings sind
sie ausgezeichnete und zuverlässige Glucken.
Besonders reizvoll sieht die Befiederung an
Beinen und Füßen der Seidenhühner aus. Auch
andere Rassen mit Fußbefiederung finden gerade
deswegen viele Freunde, z. B. das Lachshuhn
oder das Federfüßige Zwerghuhn.
Einem ganz anderen Ideal entsprechen die Rassen
der Kampfhühner. Hierzulange werden sie selbstverständlich nur wegen ihres Äußeren gezüchtet
und sind daher ganz unproblematisch. Mancher
Halter schätzt einen Hahn dieser Rassen als besonders mutigen Beschützer seiner Hennen, z. B.
einen Altenglischen Kämpfer. Von ganz eigener
Eleganz ist die aufrechte Körperhaltung und der
schlanke Bau mancher Kämpfer, z. B. Ko Shamo
oder Maleien.
Wieder andere Liebhaber finden sich für die
kleinsten aller Rassen, z. B. die reizenden Bantam
und Seramas.

Das Anfänger-Huhn

DAS Anfängerhuhn für jeden gibt es sicherlich
nicht. Schließlich muss es gefallen und den
unterschiedlichen Erwartungen entsprechen.
Vorteilhaft ist sicher eine unempfindliche, ruhige
und robuste Rasse. Oft werden z. B. Zwerg-
Wyandotten, Australops oder Zwerg-Welsumer
genannt. Wer Wert auf viele Eier legt, kann auch
mit Hybridhühnern beginnen. Und der eine oder
andere wird sich an einer Schar bunter Mischlinge erfreuen.

1. Zwerg-Paduaner in Gold Schwarz gesäumt
2. Sultan-Hahn in Weiss
3. Zwerg-Vorwerk-Henne
4. Zwerg-Seidenhuhn

Eingewöhnung
FÜHL DICH WIE ZU HAUSE!

GUT VORBEREITET Man hat sich auf einer landwirtschaftlichen Ausstellung oder einer Tierbörse in ein paar reizende Rassehühner verliebt und diese spontan mitgenommen? Man zieht aufs Land und bekommt als „passendes" Geschenk überraschend ein paar Hühner? Sicher hat manche Hühnerhaltung so angefangen. Ideal ist so ein Start allerdings nicht, denn eigentlich sollte alles vor der Ankunft der Tiere perfekt vorbereitet sein. Gerade der Anfänger sollte sich das Leben mit den Problemen eines provisorischen Stalles nicht zusätzlich schwer machen. Das A und O ist eine gute Vorbereitung, dann fällt auch den Tieren die Eingewöhnung leichter.

Neuling Neue Hühner sind vielleicht etwas ängstlich und brauchen Rückzugsmöglichkeiten um langsam aufzutauen.

Anlauf und ab aufs Brett. Erhöht kann man sich besser ausruhen.

Wenn der Platz eingenommen ist, wird er notfalls auch verteidigt.

Vorbereitung zum Nickerchen: Ein Bein wird ins Gefieder gezogen.

Alles neu

Die ersten Tiere setzt man in den neuen Stall und hält die Hühnerklappe zunächst geschlossen. Erst am nächsten Tag, wenn die Tiere den Stall erkundet und kennengelernt, schon gefressen und getrunken haben, öffnet man die Klappe und wartet, bis die Tiere den Weg ins Freie finden.

Selbst ist das Huhn

Es ist wichtig, dass die Hühner selbst hinausgehen. So finden sie gegen Abend auch leichter zurück. Bei neuen Tieren empfiehlt es sich, den Auslauf zunächst zu begrenzen und nicht gleich einen riesigen Garten anzubieten. Denn dann kann es passieren, dass sie den Rückweg nicht mehr finden. Gegen Abend kontrolliert man, ob alle Tiere im Stall sind, und muss im Notfall etwas nachhelfen. Hierzu treibt man die Tiere vorsichtig in Richtung Hühnerklappe.

Nur keine Hektik

Hühner sind Fluchttiere. Mancher Hahn geht mutig in fast jeden Kampf, aber in der Regel suchen die Tiere früher oder später ihr Heil in der Flucht. Entsprechend aufmerksam und scheu können Hühner sein. Daher ist es wichtig, gerade neue Hühner nicht zusätzlich zu ängstigen. Jeder Umgang mit den Tieren sollte daher ruhig ablaufen.

Ab ins Bett

Junge Hühner werden anfangs nicht auf der Sitzstange schlafen. Oft schlafen sie zunächst am Boden oder gehen in eines der Legenester. Sind sie alt genug, werden sie die Stangen selbstständig für sich entdecken. Gibt es Anlaufschwierigkeiten, kann man nachhelfen, indem man die Hühner abends – wenn es schon dunkel ist – auf die Stange setzt. Im Allgemeinen bleiben die Tiere dort und finden Geschmack an ihrem neuen Schlafplatz. Vielleicht findet man die Tiere schon am nächsten Abend auf der Stange vor.

Das Nest

Ein gutes Nest, das ruhig und geschützt im Stall platziert ist und mit etwas Heu ausgepolstert ist, wird meist schnell für die Eiablage angenommen. Damit die jungen Hühner das Nest noch leichter als solches anerkennen, kann man einige Gipseier hineinlegen.

Bestechung

Auch bei Hühnern läuft die Eingewöhnung mit Bestechung leichter ab. Regelmäßige Rituale merken sie sich gut. Bietet man den Tieren an mehreren Tagen nacheinander etwas Leckeres an, werden sie bald auf einen zugestürmt kommen. Beliebte Bestechungsleckereien sind z. B. Dosenmais oder kleine Stücke milder Käse.

Hühner optimal
VERSORGEN

MEIN PFLEGEPLAN

Wie ein idealer Pflegeplan für Hühner aussieht, hängt ganz wesentlich von der Art der Haltung ab. Ein großer Stall mit wenigen Tieren muss seltener gesäubert werden als eine kleine und dicht besetzte Unterkunft. So könnte der Pflegeplan einer kleinen Hobbyhaltung aussehen.

Mehrmals täglich

Mehrmals täglich, z. B. morgens und abends, sollte man nach den Tieren schauen, um zu kontrollieren, ob alles okay ist. Laufen alle Tiere herum, wurde gefressen und getrunken usw.? Ist noch ausreichend Wasser vorhanden? Wer keinen Tränkenwärmer hat, muss im Winter bei Frost mehrmals täglich frisches Wasser anbieten.

Täglich

Zu den täglichen Pflichten gehört die Fütterung und Versorgung mit frischem Wasser. Dabei werden die Wasserbehälter gleich etwas gespült. Außerdem werden die Eier eingesammelt und deren Legedatum notiert, z. B. mit einem Bleistift auf dem Ei.
Vom Kotbrett unter der Sitzstange wird der Kot mit einer kleinen Schaufel entfernt.

Wöchentlich

Einmal in der Woche wird der Wasserbehälter gründlich gespült. Auch die Futterbehälter, Sitzstangen, Leitern und Nester werden gereinigt und letztere werden mit frischem Heu befüllt. Das Kotbrett wird neu eingestreut. Auch die Einstreu im Stall wird etwas zurechtgeharkt, um leer gescharrte Stellen wieder zu bedecken. Die Arbeiten im Stall nutzt man gleich, um auf Ungeziefer zu kontrollieren. Auch die Hühner werden genauer begutachtet. Hierzu wählt man am besten die Morgen- oder Abendstunden, wenn die Tiere auf der Stange sitzen. Dann ist ein problemloser und genauer Blick auf Schnäbel, Augen, Beine und Füße möglich.
Je nach Größe des Auslaufs empfiehlt es sich, regelmäßig den Kot zusammenzurechen und zu entsorgen.

Monatlich

Die Einstreu wird komplett entfernt und neu eingestreut. Festgesetzter Schmutz wird mit einem Spachtel oder einem speziellen Stallschaber vom Boden gelöst. Sitzstangen, Nester und Leitern werden sehr gründlich gereinigt. Die Unterseite der Sitzstangen und andere Holzteile können geölt werden, um das Eindringen von Vogelmilben in trockene Holzrisse zu vermeiden.

Alle drei Monate

Einmal pro Quartal ist die vorgeschriebene Impfung gegen die Newcastle-Krankheit fällig. Denken Sie bitte daran, die Impfbescheinigung als Nachweis aufzubewahren.

HÜHNER GESUND
ernähren

ENERGIE FÜR HÖCHSTLEISTUNGEN Unsere Hühner müssen echte Hochleistungen erbringen. Dies gilt besonders für die spezialisierten Legehybriden. Doch auch Rassehühner mit geringerer Legeleistung übertreffen jeden Wildvogel. Das richtige Futter ist daher enorm wichtig.

Was braucht das Huhn?

Eine Legehenne mit hoher bis mittlerer Legeleistung benötigt bis zu 18 % Rohprotein, 5–6 % Rohfaser und 4–5 % Rohfett, dazu diverse Vitamine und Spurenelemente. Wer das Futter selbst mischen will, benötigt diese Daten von jedem einzelnen Futterbestandteil. Wichtig ist: Wer verschiedene hochspezialisierte Hühner hält, muss sie eigentlich getrennt füttern. Es ist kaum möglich z. B. Masthühner, Hochleistungslegehennen und Junghennen zusammen und entsprechend artgerecht zu ernähren.

Hauptbestandteile eines Hühnerfutters sind in der Regel Getreide (meist Mais und Weizen) sowie Soja als Eiweißlieferant.

Wer nur wenige Tiere hält, kann gut auf fertige Produkte zurückgreifen, da die Rohstoffe für eigene Mischungen nur in großen Mengen erhältlich oder in kleinen Mengen recht kostspielig sind. Fertigprodukte gibt es inzwischen auch bei Internet-Händlern, sodass die Versorgung überall gewährleistet wird. Vor Ort findet man Hühnerfutter vor allem im Landhandel, z. B. in Raiffeisen-Märkten, Mühlen und auch im Zoofachhandel. Die Auswahl ist groß und auch Futter in Bioqualität ist erhältlich.

Körnerfutter Ein Getreidefutter ist die Grundlage, aber nicht ausreichend. Hinzu kommen noch proteinreiche Komponenten.

Muschelkalk Die Mineralien, vor allem der Kalk, sorgen für eine feste Eierschale und beugen Mangelerscheinungen vor.

Kükenfutter Das feine und reichhaltige Futter sorgt für einen guten Start. Die Mama darf auch etwas naschen.

Alleinfutter

KÜKENFUTTER Für die Allerkleinsten gibt es fertige Mischungen: Kükenstarter, Kükenfutter und Junghennenfutter.

LEGEHENNENALLEINFUTTER „Alleinfutter" bedeutet, dass in diesem Futter alles enthalten ist, was das Tier benötigt. Legehennenalleinfutter gibt es für verschiedene Leistungsklassen, also für Legehybriden und Hennen mit etwas geringerer Legeleistung. Alleinfutter können z. B. bunte Mischungen sein, von grober oder eher feiner Qualität, oder auch Pellets.

Reines Körnerfutter

Ein reines Körnerfutter – meist hauptsächlich aus Mais und Weizen – reicht für Hühner nicht aus. Es fehlt vor allem Protein. Es kann aber als Grundlage für das Hinzufügen von Zusatzprodukten verwendet werden.

FÜTTERUNG In diesem Film erfahren Sie, was auf den Speiseplan des Federviehs gehört. Unter www.m.kosmos.de/13581/v3 erhalten Sie die gleichen Infos.

Legemehl und Legekorn

Beides gibt es als Alleinfuttermittel und Zusatzfuttermittel. Letzteres muss mit Körnerfutter gemischt werden. Der Händler oder der Hersteller gibt Auskunft über das Mischungsverhältnis. Beim Legemehl handelt es sich um eine feinkörnige, geschrotete Mischung. Legekorn besteht im Allgemeinen aus Pellets.

Grit und Muschelkalk

Im Alleinfutter sind Grit (Magensteine) und Muschelkalk enthalten. Im Auslauf können die Hühner ebenfalls Steinchen aufpicken, die dabei helfen, im Magen die Nahrung zu zerkleinern. Muschelkalk sollte zusätzlich angeboten werden. Er liefert das Material für eine feste Eierschale.

Für jeden das Richtige

Mit einem Legehennenalleinfutter wird auch die bunte Schar gut versorgt, die man nur zur Freude im Garten hält und die ab und zu ein Ei legt. Bei geringer Legeleistung kann es aber zur Überversorgung und Verfettung der Tiere kommen. Ist dies der Fall, so „verdünnt" man das Futter mit etwas Körnerfutter.

ABWECHSLUNG IM TROG

Grünzeug & Proteine

ABWECHSLUNG Hühner scharren den ganzen Tag nach Fressbarem in Form von Samen, grünen Pflanzenteilen, Insekten, Würmern usw. Das liegt in ihrer Natur. Es wäre daher langweilig, sich nur den Kropf am Futternapf vollzuschlagen. Jede zusätzliche Fütterung schafft Abwechslung, sollte sich jedoch im kleinen Rahmen abspielen. Hühner mit hoher Legeleistung nehmen sonst zu wenig energiereiches Futter zu sich. Hierdurch kann die Legeleistung abnehmen oder im schlimmeren Fall legen die Hühner weiterhin viel, zehren aber aus. Sie verbrauchen dann ihre körpereigenen Reserven und beginnen zu schwächeln.

Vegetarier oder nicht?

Eigentlich sind Hühner keine Vegetarier, sondern Allesfresser. Aus Sicherheitsgründen hat der Gesetzgeber die Verfütterung von tierischen Produkten an Nutztiere erschwert bzw. verboten. Dies gilt insbesondere für verarbeitete Produkte, z. B. Fleischmehl. Die meisten Hühnerfutter liefern das Protein zurzeit daher über eiweißreiche Pflanzen z. B. Soja oder Erbsen. Einige wenige Produkte beinhalten unverarbeitete Tiere, z. B. ganze Garnelen. Tierische Kost ist bei Hühnern sehr begehrt und löst eine regelrechte Gier aus.

Kavalier Hier hat der Hahn eine seiner Hennen zu einem grünen Leckerbissen geführt.

Tischmanieren Besondere Leckerbissen werden an mehreren Stellen verteilt, damit alle ohne Streit fressen können.

Nachtisch Obst ist sehr begehrt. Es bietet Abwechslung und das Huhn muss sich die besten Stücke herauspicken.

Tierisches Eiweiß

Manche Hühnerhalter, die auch Hund oder Katze haben, geben den Hühnern etwas Hunde- oder Katzenfutter. Rechtlich ist das nicht korrekt. Wer Tierisches füttern möchte, kann Mehlwürmer im Zoofachhandel kaufen. Auch kleine Mengen Milchprodukte, z. B. Hüttenkäse oder Joghurt, sind erlaubt. Aber nur geringe Mengen, da der enthaltene Milchzucker abführend wirken kann.

Knackiges Grün

Wenn die Tiere keinen Zugang zu einer Wiese haben, ist Frischfutter eine beliebte Abwechslung, füttern Sie z. B. geriebene Möhren, etwas Salat oder Kräuter und Obst. Gras darf auch gegeben werden. Es sei jedoch darauf hingewiesen, dass der Verzehr von großen Mengen langer und harter Grashalme zu einer Kropfverstopfung führen kann. Daher besser nur wenig und kurzhalmiges Gras geben. Rasenschnitt kann in kleinen Mengen und ganz frisch verfüttert werden, matschiger oder gar gärender Rasenschnitt ist nichts für Hühner.

Besondere Leckereien

Besondere Leckereien: Da ist ein Huhn wie jedes andere Tier. Leckerbissen sind sehr individuell. Jedes Huhn hat andere Vorlieben. Einige Dinge kommen fast immer gut an, z. B. Dosenmais oder gekochte Nudeln. Alles andere wird man im Lauf der Zeit herausfinden.
Jedes Huhn mit Freilauf wird auch selbst auf Futtersuche gehen. Begehrt sind dabei alle Arten von Grünzeug und Insekten, Würmer usw. Geschickte Hühner erwischen ab und zu sogar eine Maus oder eine Kröte.

Küchenreste

Wir sprechen hier von Resten, keinesfalls von Abfällen, denn Verdorbenes ist tabu. Auch sehr stark Gewürztes sollte man nicht geben. Gerne angenommen und völlig unbedenklich sind hingegen die allermeisten Obst- und Gemüsereste und auch gekochte Nudeln, Reis oder Kartoffeln. Vorsicht aber bei Kartoffelschalen mit grünen Stellen und Kohl. Füttern Sie nur kleine Mengen.

Futter
SELBST SAMMELN

KRÄUTER SAMMELN Hühner, die einen sehr großen und bewachsenen Auslauf nutzen können, werden sich mit Leidenschaft und Eifer ihr Grünfutter selbst sammeln. Ein kleiner Auslauf ist jedoch schnell leergefressen und umso mehr freut sich das Federvieh über frisch gesammelte Kräuter. Geeignet sind alle Küchenkräuter, die nicht zu scharf sind, beispielsweise Petersilie und Basilikum, aber kein Schnittlauch. Sehr begehrt sind auch Wildkräuter, die man im Garten oder beim Spazierengehen sammeln kann. Löwenzahn, Spitzwegerich, Breitwegerich, Giersch, Ackermelde, Hirtentäschelkraut, Klee, Vogelmiere oder Gänseblümchen findet man fast überall. Die frischen Pflanzen sind eine leckere Abwechslung für die Hühner. Außerdem bekommen die Eier durch frisches Grünfutter auf natürliche Art ein schönes leuchtendes Eigelb und einen guten Geschmack.

Auch alle Süßgräser können als Zusatzfutter gegeben werden. Sehr langes, faseriges Gras kann man zuvor in etwa 2 cm lange Stücke schneiden, um Kropfverstopfungen vorzubeugen.

In der Natur wählen Hühner selbst aus, was ihnen schmeckt, und gehen giftigen Pflanzen meist instinktiv aus dem Weg. Im Stall oder Auslauf, wo wir ihnen etwas anbieten und sie nur wenig Auswahl haben, würden sie auch Giftiges oder Problematisches im Übermaß fressen. Darum verfüttert man nur bekömmliche Pflanzen und schaut im Zweifelsfall in einem Bestimmungsbuch oder einer Online-Pflanzen-Datenbank nach.

Selbstversorger Auf der Wiese finden die Hühner ganz alleine leckeres Grün. Körner- und Proteinfutter brauchen sie dennoch.

Jäger und Sammler An feuchten und schattigen Stellen im Auslauf finden die Hühner besondere Leckerbissen, Insekten und Würmer.

Regenwurmzucht

Tierisches Futter ist bei Hühnern sehr begehrt. Im Auslauf jagen sie eifrig nach Insekten und Würmern. Um das Angebot zu erweitern, kann man einige Regenwürmer aus dem Kompost sammeln oder einfach ein paar Schaufeln Komposterde im Auslauf verteilen. Noch ergiebiger ist eine kleine Regenwurmzucht. Hierzu schichtet man Bioabfälle aus der Küche in eine Holzkiste. Darin sind die Würmer geschützt und wandern nicht aus. Am besten eignen sich Gemüse- und Obstabfälle als Würmerfutter. Nur auf Gekochtes, Fleisch und sehr Saures, wie z. B. Zitrusfrüchte und Salate mit Essigdressing, sollte man verzichten. Zwischen die einzelnen Schichten kommt immer etwas Erde mit einigen Regenwürmern vom Kompost. Auch im Angelgeschäft bekommt man Regenwürmer oder im Internet von spezialisierten Versandhändlern. Geschützt vor Räubern und immer etwas feucht gehalten bildet sich in der Kiste bald eine ganz erstaunliche Regenwurmkolonie.

Mehlwürmer züchten

Mehlwürmer sind als Alternative zu Regenwürmern sehr beliebt. Sie können sogar im Winter in der Wohnung gezüchtet werden. Die ersten Mehlwürmer für die Zucht erhält man als Lebendfutter im Zoofachhandel oder als Köder im Angelgeschäft. Die Würmer werden in einer Plastikbox mit luftdurchlässigem Deckel gehalten und mit Haferflocken, Kleie und Mehl gefüttert. Nach dem Verpuppen der Würmer schlüpfen bald erwachsene Mehlkäfer, die wiederum Eier legen und somit für reichlich Nachwuchs sorgen.

Die meisten Würmer kann man jeweils absammeln und verfüttern. Puppen und Käfer sind schwerer verdaulich und werden daher für die weitere Zucht zurückbehalten.

 **KRÄUTER SAMMELN** Hier finden Sie genaue Beschreibungen von Wildkräutern. Unter www.m.kosmos.de/13581/tb4 erhalten Sie die gleichen Infos.

RÜHR DOCH MAL NEN

Futterbrei

Auch Hühner mögen Abwechslung.
Über diesen Leckerbissen werden
sie sich riesig freuen.

Das brauchst du

- Legemehl
- Wasser
- Kräuter, z. B. Petersilie
- eine Dose Mais

❶ – ❸ *So wird es gemacht*

Nimm von der täglichen Futterration etwas
Legemehl, sodass die Schüssel zu einem Drittel
gefüllt ist. Gib so viel Wasser hinzu, dass ein
matschiger Brei entsteht. Die Kräuter schneidest
du mit der Schere klein und rührst sie mit in den
Brei hinein. Vom Dosenmais lässt du das Wasser
ablaufen und gibst ihn dann auch in den Brei.
Jetzt alles noch einmal durchrühren oder -kneten.

Knödel formen ❹

Wer mag, kann aus dem Brei kleine Knödel formen. Ist der Brei zu flüssig, gib einfach noch etwas Legemehl hinzu. Und dann mit beiden Händen kleine Klöße formen, die ungefähr so groß sind wie deine Faust.

Es wird serviert ❺

Jetzt werden die Knödel an verschiedenen Stellen im Auslauf verteilt, damit jedes Huhn etwas findet und es keinen Streit gibt. Die Knödel sind so beliebt, dass du auch versuchen kannst, ob die Hühner sie dir aus der Hand fressen.

Variationen

Versuche auch andere Rezepte und ersetze die Petersilie durch Basilikum oder Vogelmiere. Auch alle anderen Leckerbissen lassen sich einarbeiten. Zu Weihnachten bekommen unsere Hühner als Festtagsessen Futterbrei mit einigen Krabben.

Super gemacht

Manche Hühner mögen das gesunde Legemehl trocken nicht so gern. Aber so lecker angemacht, kann kein Huhn widerstehen.

45

Gepflegtes
FEDERVIEH

EITELKEIT AUF HÜHNERART Hühner erledigen die Körperpflege gut allein. Sie putzen sich und scharren sich die Krallen scharf. Wir sorgen lediglich für ein artgerechtes Futter und die richtige Umgebung.

Gesunde Hühner

Ein gesundes Huhn hat ein dichtes Gefieder. Bei den meisten Rassen sind die Federn glänzend und eng anliegend. Die Augen sind klar und der Schnabel sauber und fest. Die Federn um die Kloake sind sauber und die Beine schuppig, doch die Schuppen liegen glatt an. Das Huhn scharrt, pickt und reagiert auf die anderen Tiere.

Krallen

Die Krallen von Hühnern werden intensiv benutzt. Die Tiere scharren am Boden, um nach Futter zu suchen. Dabei werden sie gekürzt und geschärft. Hähne besitzen einen weiter oben sitzenden und nach hinten gerichteten Sporn. Er wird zur Verteidigung eingesetzt und um mit anderen Hähnen um die Hennen zu kämpfen. Bei älteren Hähnen kann der Sporn so lang werden, dass er stört oder gefährlich wird. Dann sollte er ausnahmsweise etwas gekürzt werden. Aber Vorsicht: An der Basis ist der Sporn gut durchblutet, daher nicht mehr als notwendig abschneiden und mindestens ca. 3 cm stehen lassen.

Badetag Hühner baden nicht in Wasser sondern in sehr feinem Sand. Das Staubbad pflegt das Gefieder und vertreibt Ungeziefer.

Schnabel

Der Hühnerschnabel benötigt keine besonderen Pflegemaßnahmen durch den Menschen. Eine gelegentliche Kontrolle auf Länge und Festigkeit ist ausreichend.

Federn

Hühner pflegen ihre Federn durch Putzen, Aufschütteln und das Staubbad. Oft suchen sich die Tiere im Auslauf ganz allein die Stelle mit dem feinsten Sand und scharren alles Störende beiseite, um anschließend dort zu baden. Sie legen sich in die entstandene Bodenmulde, wälzen sich etwas hin und her und wirbeln mit Füßen und Flügeln das feine Material auf. Gibt es im Auslauf kein geeignetes Material, kann man mit sehr feinem Sand und Holzasche nachhelfen.

Besonders wichtig für ein schönes und dichtes Federkleid ist eine gut verlaufende Mauser. Die Vollmauser, also der Austausch des kompletten Federkleides, findet beim Huhn im Herbst statt. Mancher Hühnerhalter gibt in dieser Zeit zusätzlich Vitamin- und Mineralprodukte. Im Allgemeinen ist eine ausgewogene Ernährung, wie sie immer gegeben werden sollte, aber ausreichend.

Haut und Füße

Haut und Füße gesunder Hühner brauchen keine besondere Pflege. Wichtig ist jedoch eine regelmäßige Kontrolle, denn Veränderungen, z. B. weiße Verkrustungen an den Beinen – die sogenannten Kalkbeine –, entstehen oft durch Parasiten, gegen die behandelt werden muss. Entsprechende Mittel gibt es beim Tierarzt. Hilfreich ist es auch, die Beine und Füße einzufetten, z. B. mit Vaseline.

GEPFLEGTES ÄUSSERES
1. **Schnabel** Fest und glatt sollte er sein.
2. **Federn** Volles und dichtes Gefieder
3. **Füße** Kurze Krallen, glatte Schuppen.

DAS RICHTIGE
Handling

„GEBRAUCHSANWEISUNG HUHN" Wie gehe ich mit einem Huhn um? Wie fange ich es, hebe es hoch, fixiere es richtig? Nach einiger Zeit geht alles ganz instinktiv, doch als Hühnerneuling ist man vielleicht noch etwas unsicher.

Fangen und Greifen

Hühner sind Fluchttiere. Der Hahn kann zwar ein echter Kämpfer sein und seine Damen verteidigen, doch irgendwann ergreift auch er die Flucht. Hennen sind noch vorsichtiger und fliehen lieber einmal zu viel als zu wenig. Mit etwas Geduld und vielen Leckerbissen können wir Hühner so weit an uns gewöhnen, dass sie z. B. aus der Hand fressen. Aber kaum ein Huhn lässt sich gerne greifen.

Um ein freilaufendes Huhn zu fangen, treibt man es am besten in eine Ecke des Stalles oder Auslaufes und fasst dann zügig zu. Dabei kann man z. B. mit der Hand den Rücken nach unten drücken und das Tier so fixieren.

Außerdem gibt es auch Hilfsmittel, z. B. den Fangkescher, also ein Netz an einer langen Stange.

① Ein zahmes Huhn lässt sich leicht anlocken.

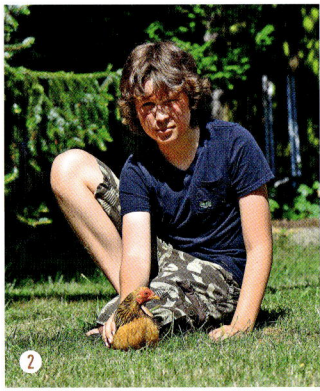

② Mit sanftem aber bestimmtem Druck fixieren ...

③ ... und dann sicher mit beiden Händen zupacken.

Sicherer Griff Auch ein stattlicher Hahn wie dieser Sultan kann sicher fixiert und getragen werden.

Alternativ kann man auch einen Anglerkescher verwenden, der jedoch groß genug sein muss. Je nach Hühnerrasse sollte der Durchmesser ca. 50 cm betragen. Der Kescher lässt sich vor allem gut bei solchen Hühnern einsetzen, die gern fliegend das Weite suchen, denn die Flugfähigkeit einiger kleiner Hühnerrassen sollte man nicht unterschätzen. Schwere Rassen und Seidenhühner können dagegen fast gar nicht fliegen. Ein Fanghaken wird eingesetzt, um ein Bein des Tieres zu fixieren und es dadurch an der Flucht zu hindern. Der Haken, der an einer Stange angebracht ist, hat eine Trichterform. Am weiten Ende gleitet er leicht über das Bein des Huhnes. Am engen Ende des Hakens kann das Bein wegen der dickeren Gelenke dann nicht mehr heraus. Der Fanghaken muss besonders vorsichtig eingesetzt werden. Fanghaken und Fangkescher sind vor allem etwas für Züchter oder für Halter vieler Hühner, die so viele Tiere in kurzer Zeit einfangen können.

Wer ein Huhn z. B. für eine Behandlung oder Untersuchung greifen muss, kann auch bis zum Abend warten und das Huhn einfach von der Sitzstange „pflücken". Hühner können übrigens bei Dunkelheit oder Dämmerung kaum sehen, was das Einfangen erleichtert.

Halten

Beim sicheren Halten eines Huhnes sollte man vor allem darauf achten, dass es nicht flattern kann. Mit geübtem Griff kann man die Beine des Tieres am Oberschenkel fixieren und es so ruhig halten. Als Hühnerneuling sollte man lieber den ganzen Körper des Tieres umgreifen und dabei die Flügel in Ruhestellung leicht an den Vogelkörper drücken. So kann man sich das Huhn auch unter den Arm klemmen und hat die zweite Hand frei. Niemals sollte man Hühner an den Flügeln oder den Füßen halten.

Sonderfall Hahn

Eigentlich unterscheidet sich das Handling von Hahn und Henne nicht. Wer aber einen sehr selbstbewussten und kämpferischen Hahn besitzt, muss gleichzeitig vorsichtig und beherzt zur Sache gehen.

 **HÜHNER RICHTIG HOCHHEBEN** In diesem Film sehen Sie, wie man Hühner richtig hochhebt. Unter www.m.kosmos.de/13581/v5 erhalten Sie die gleichen Infos.

Hühnertoilette Hühner sind leider nicht stubenrein. Der Auslauf kann ab und zu geharkt werden, um Kot zu entfernen.

GRÜNDLICHER
Stallputz

REINIGUNG Zur kompletten Reinigung wird der Stall zunächst so weit wie möglich geleert. Die Hühner werden ausgesperrt und bewegliches Mobiliar entfernt, also Leitern, Futterrinnen und Ähnliches. Dann wird die Einstreu entfernt.

Reinigungsmittel

Futterrinne, Futterschüssel und Tränke werden mit heißem Wasser und Geschirrspülmittel gereinigt. Dieses ist unbedenklich, reinigt und desinfiziert aber in ausreichendem Maß. Andere Gegenstände, wie Legenester, Leitern und Kotbretter, können mit Haushaltsreiniger geschrubbt werden. Danach wird mit klarem Wasser nachgespült. Da alles mit Kot behaftet sein kann, wird der Putzeimer für den Hühnerstall als solcher gekennzeichnet und natürlich nicht mehr für den Hausputz oder den Trinkwassertransport zum Stall benutzt.

Im Stall werden Sitzstangen und Boden mit einem Spachtel oder einem speziellen Stallschaber von grobem Schmutz befreit. Danach kann auch hier mit Haushaltreiniger geputzt werden. Einige Holzteile, wie z. B. Sitzstangen, leiden vielleicht etwas unter den regelmäßigen, aber notwendigen Putzaktionen. Sie können einmal im Jahr etwas abgeschliffen oder -gehobelt werden.

Hausmittel

Alle Gegenstände im Stall werden gelegentlich mit Brennspiritus desinfiziert. Brennspiritus ist normaler Alkohol, der lediglich Zusätze enthält, die ihn untrinkbar machen. Somit stellt er ein preiswertes und unbedenkliches Desinfektions- mittel dar. Als Alternative kann man auch Essig oder verdünnte Essigessenz verwenden, aller- dings ist die Reinigungswirkung nicht so hoch. Hitzeunempfindliche Gegenstände können auch mit sehr heißem Wasser desinfiziert wer- den.Wenn die Sonne scheint, können alle Gegenstände aus dem Stall nach der Reinigung ein kleines Sonnenbad auf der Wiese nehmen. Die UV-Strahlen der Sonne besitzen auch eine leicht desinfizierende Wirkung. Diese Wirkung ist alleine zwar nicht ausreichend, doch wer leichte Desinfektionsmittel verwendet, sollte die Sonne zusätzlich nutzen. Die Sitzstangen können nach dem Reinigen mit Speiseöl behandelt werden. Dieses pflegt das Holz und glättet die Oberfläche, was den gefürchteten Roten Vogelmilben das Leben etwas schwerer macht.

Desinfektion

Für starke Desinfektionen, die nach bestimmten Erkrankungen bei den Tieren im Stall durchge- führt werden, sollten nur Mittel verwendet wer- den, die speziell hierfür zugelassen sind. Hühner dienen zur Gewinnung von Lebensmitteln und giftige Stoffe können sich im Gewebe des Huhnes oder in den Eiern ablagern. Entsprechende Mittel gibt es im landwirtschaftlichen Handel. Beachten Sie bei der Anwendung immer die Hinweise des Herstellers.

Einstreu

Ist alles sauber, wird der Stall neu eingestreut. Die gängigsten Einstreuarten für den Hühner- stall sind Stroh, Stroh- oder Rapshächsel und Holzspäne. Wer das Material kompostieren will, sollte lieber kein Holz verwenden, da es sich nur langsam zersetzt. Andererseits sind Holzspäne besonders saugfähig und geruchsabsorbierend und haben durch den natürlichen Harzgehalt so- gar eine antibakterielle Wirkung.

Geduldig wartet das Huhn bis der Stallputz fertig ist.

Ein kurzer Kontrollblick. Alles wieder sauber?

Dann nichts wie rein in die gute Stube.

GESUNDHEITSVORSORGE UND
Impfungen

HÜHNER SIND RECHT ROBUSTE TIERE. Bei artgerechter Haltung und Fütterung sind Erkrankungen selten. Dennoch sollte jeder Geflügelhalter schon vorsorglich einen Tierarzt ausfindig machen, der routiniert in der Behandlung von Geflügel ist. So hat man nicht nur im Ernstfall sofort einen Ansprechpartner, sondern auch den notwendigen Kontakt für die Impfungen.

Gesunde Hühner Egal ob es so ein prächtiges Zuchttier ist oder eine bunte Mischlingstruppe. Alle Hühner werden geimpft.

Durst Für eine Impfung über das Trinkwasser wird den Hühnern zunächst für einige Stunden das Trinkwasser entzogen...

Zum Wohl! ...dann haben alle Tiere Durst. Das Trinkwasser mit dem Impfstoff wird sofort angenommen.

Medikamente

Alle Medikamente, die gegeben werden, sollten mit Datum und Produktbezeichnung in einer einfachen Tabelle festgehalten werden. Bei manchen Medikamenten muss nach der Verabreichung eine Wartezeit eingehalten werden, bevor die Eier wieder verzehrt werden dürfen. Die in den nachfolgenden Tagen gelegten Eier müssen entsorgt werden.

Wie gibt man einem Huhn Medikamente? Wird das Mittel über das Trinkwasser gegeben, nimmt man den Hühnern zunächst einmal das Trinkwasser für einige Stunden weg. Danach stellt man die Tränke mit dem Medikament zur Verfügung und es ist damit gewährleistet, dass die Tiere dieses bald mittrinken. Wenn die Tiere das Wasser zu spät trinken, geht die Wirksamkeit des Medikamentes teilweise verloren.

Andere Medikamente oder auch Nahrungsergänzungen kann man mit Leckereien geben, am besten solche, an denen Pulver u. Ä. gut haftet, z. B. Dosenmais, gekochte Nudeln oder gekochter Reis. Muss ein Medikament direkt verabreicht werden, sollte man dies abends oder am frühen Morgen machen, wenn man das entsprechende Tier von der Sitzstange nehmen kann, dadurch entfällt der Stress des Einfangens.

Impfungen gegen Newcastle und Marek

Für alle Hühner ist eine Impfung gegen die Newcastle-Krankheit vorgeschrieben. Die Impfung erfolgt alle drei Monate über das Trinkwasser. Durch diese Art der Impfung ist es nicht notwendig, mit allen Tieren den Tierarzt aufzusuchen oder diesen einzubestellen. Es muss jedoch sichergestellt werden, dass die Impfung fachgerecht erfolgt. Dies kann z. B. über einen Geflügelverein organisiert werden oder in direkter Absprache mit dem Tierarzt.

Die Symptome der auch Atypische Geflügelpest oder ND für *Newcastle Desease* genannten Krankheit sind vielfältig, z. B. Durchfall, Fieber und Atemprobleme.

Rassegeflügel und Legehennen werden auch gegen die Marek-Erkrankung geimpft. Die Impfung erfolgt innerhalb des ersten Tages nach dem Schlupf durch den Tierarzt. Da Huhnerkuken ziemlich exakt nach 21 Tagen Brut schlüpfen, koordiniert man den Termin vorab mit dem Tierarzt. Ungeimpfte und infizierte Tiere erkranken meist bis zur 16. Lebenswoche an schweren Nervenschäden und Lähmungen. Die Impfung ist nicht vorgeschrieben aber sehr zu empfehlen.

DIE HÄUFIGSTEN
Hühnerkrankheiten

ROTE VOGELMILBE Die Rote Vogelmilbe hält sich tagsüber versteckt im Stall auf, z. B. unter der Sitzstange. An betroffenen Stellen kann man dunkle, krümelige Beläge entdecken und beim Zerdrücken entsteht eine rotbraune Spur, die vom Blut der Hühner herrührt. Nachts wandern die Milben zu den Hühnern, um sich dort von deren Blut zu ernähren. Die Hühner sind bei starkem Befall unruhig, kratzen sich viel und ihr Immunsystem wird geschwächt.
Um die Plage zu bekämpfen, kann man z. B. chemische Mittel aus dem landwirtschaftlichen Handel einsetzen. Auch Hitze ist wirksam. Mit einer Lötlampe werden alle Verstecke der Milben erhitzt. Aber Vorsicht in Holzställen, mit Stroh usw. Eine sehr empfehlenswerte Methode ist der Einsatz von feinem Kieselgur. Diese Substanz ist absolut ungiftig. Durch die besondere Struktur wird das Ungeziefer ausgetrocknet. Alle befallenen Stellen werden mit dem feinen Pulver eingestäubt. Die Hühner müssen meist nicht behandelt werden. Bei sehr starkem Befall gibt es aber Mittel vom Tierarzt.

Endoparasitische Milben

Endoparasitische Milben bohren sich in die Haut. Hühner werden gelegentlich von einer Milbe geplagt, die die sogenannte Kalkbein-Krankheit auslöst. Die Schuppen der Beine stehen dann ab und es bilden sich Verkrustungen. Gegen die Milben hat der Tierarzt sehr wirksame Medikamente. Die Krusten werden nach und nach mit lauwarmem Wasser aufgeweicht und abgelöst. Im Anschluss werden die Beine mit Öl oder Fett eingepinselt, z. B. Paraffin.

Würmer u. a. Endoparasiten

Hühner nehmen häufig die Eier von Würmern und anderen Parasiten auf. Hauptübertragungswege sind Insekten, die gefressen werden, und der Kontakt zum Kot befallener Tiere, z. B. Wildvögel, Mäuse usw. Sichtbar wird eine Erkrankung durch Veränderungen des Kotes, meistens Durchfall oder Farbveränderungen, allgemeine Schwäche und nachlassende Legetätigkeit. Beim Tierarzt gibt es eine Wurmkur. Viele Hühnerhalter führen Wurmkuren auch vorsorglich durch, z. B. vor dem Winter.

Legenot

Kann ein Ei nicht ausgeschieden werden und steckt sozusagen fest, bezeichnet man dies als Legenot. Dieser Zustand ist gefährlich und es ist sehr hilfreich, wenn jemand zur Stelle ist, der damit Erfahrung hat. Eine leichte Bauchmassage kann das Ei vielleicht in Bewegung bringen. Ist es schon sehr weit vorne, kann es helfen, etwas

Öl auf und in die Kloake zu geben. Die Ursachen für eine Legenot können unterschiedlich sein. Manchmal kommt sie bei sehr jungen Hühnern vor, manchmal sind Mangelerscheinungen der Grund. Ein betroffenes Huhn sollte gut beobachtet werden. Bei mehrmaligen derartigen Vorfällen, die für das Huhn sehr schmerzhaft sind, sollte es erlöst werden.

Wetterfest Hühner sind wetter- und winterfest. Kälte macht ihnen nichts aus. Im Stall sollte es aber nicht ziehen.

Kokzidiose

Kokzidien sind einzellige Krankheitserreger, die durch Kot übertragen werden. Vor allem Küken sind gefährdet. Die ersten Auswirkungen sind schleimige oder blutige Durchfälle. Die Verluste unter den Küken sind dann leider zahlreich. Daher gibt es Kükenfutter, die spezielle Wirkstoffe enthalten, welche das Infektionsrisiko vermindern. Auch Impfungen sind möglich. Tierärzte und Zuchtvereine können Auskunft geben.

Geflügelgrippe

In der Presse fand sich in den letzten Jahren viel über das Schreckgespenst der Vogelgrippe. Es handelt sich hierbei um eine Viruserkrankung, deren Entwicklung aufgrund der allgemeinen Sorge vor Influenza-Erkrankungen auch von staatlicher Seite beobachtet wird. Einige Erkrankungen führten in Deutschland vorrübergehend zur flächendeckenden Stallpflicht, um Übertragungen von Wildvögeln zu vermeiden. Die Tiere müssen dann Tag und Nacht im Stall bleiben. Zwar waren Hobbyhalter und Kleinsthalter noch nicht betroffen, dennoch gelten derartige Regeln auch für sie.

Kropfverstopfung

Hühner haben ein spezielles Verdauungssystem. Das Futter gelangt nach dem Fressen zunächst in den Kropf und dann erst in den Magen. Bei einer Kropfverstopfung gelangt das Futter nicht mehr in den Magen. Erfahrene Hühnerhalter können eine Kropfentleerung versuchen, bei der nach Flüssigkeitszufuhr das Futter herausmassiert wird. Im Notfall hilft ein Kropfschnitt durch den Tierarzt.

Hühnerverhalten
VERSTEHEN

HÜHNER KENNENLERNEN

S. 60

6 TYPISCHE VERHALTENS-WEISEN WERDEN IM DOLMETSCHER GEZEIGT

S. 62

Glückliche Hühner

Ein schöner Stall und ein großer, strukturierter Auslauf mit frischem Grün sind schon die halbe Miete. Wenn die Gruppe stabil ist und vielleicht noch ein stolzer Hahn über den Damen wacht, fehlt kaum noch etwas zum Glücklichsein. Mit einem abwechslungsreichen Unterhaltungsprogramm in Form von Ästen, Blättern, Zweigen und Möhren oder einem fliegenden Kopfsalat ist die Idylle perfekt.

S. 70

Teambildung

Hühner können ganz schön gemein sein, wenn neue in die Gruppe kommen. Da wird gehackt und gescheucht, Hauptsache man betont seinen Rang. Wie Sie den Neulingen das Leben leichter machen können, lesen Sie hier.

S. 72

Eier

Kein Vogel legt so viel, wie das Huhn. Doch auch Hühner unterliegen dem Rhythmus der Jahreszeiten. Im Frühling legen sie was das Zeug hält, im Herbst, während der Mauser, und im Winter ist dann eine kleine Pause angesagt.

S. 74

Probleme erkennen

Wer seine Hühner kennt, kann Probleme frühzeitig erkennen. Wer das Verhalten der Hühner gut kennt, wird Veränderungen leichter einschätzen können. Die Verhaltensänderung eines gluckenden Huhnes, das nur noch auf dem Nest sitzt, ist z. B. ganz normal. Sitzt ein anderes Huhn hingegen nur noch auf der Stange, könnte es geschwächt sein oder die anderen Tiere setzen ihm sehr zu.

DER HEIMTIER-DOLMETSCHER
Hühnerverhalten verstehen

❶ Gruppenzwang

Hühner sind Gruppentiere. Sie suchen und brauchen die Hühnergesellschaft. Bestimmte Verhaltensweisen und Lautäußerungen spielen eine große Rolle im Zusammenhalt der Gruppe.

❷ Hahn im Korb

Der Hahn hat einen Sonderstatus. Er kann Streit unter Hennen schlichten und sie vor Feinden schützen. Er führt sie zum Futter und lockt sie zum Nest.

❸ Scharren

Hühner scharren, um Leckerbissen zu finden, z. B. einen Regenwurm oder eine Insektenlarve. Dieses Verhalten ist so fest einprogrammiert, dass ein Huhn selbst dann scharrt, wenn etwas direkt vor dem Schnabel liegt.

Krähen ❹

Hühner haben eine sehr vielseitige Sprache. Deutliche Unterschiede bemerkt man ganz leicht zwischen Hahn, Henne und Küken. Das Krähen des Hahnes ist das markanteste Geräusch. Doch der Hahn macht auch andere Geräusche, z. B. wenn er die Hennen zum Futter ruft oder zum Nest locken will.

Streiten ❺

Um die Rangfolge festzulegen, gibt es auch in einer harmonischen Hühnergruppe ab und zu Streit. Manchmal ist es nur ein kurzer, angedeuteter Schnabelhieb. Gelegentlich wird es auch ernster, dann richten sich die Hühner wild flatternd auf und versuchen den anderen mit Schnabel und Krallen zu erwischen.

Gackern und Glucksen ❻

Die Hennen gackern oft vor sich hin. So halten sie Kontakt zur Gruppe. Kommt ein Huhn vom Legenest, wird der Erfolg mit sehr lautem Gackern herausposaunt. Gluckt die Henne oder führt sie Küken, ist vor allem das typische freundliche Glucksen zu hören.

FEDERVIEH MIT ENTERTAINMENT
Glückliche Hühner

HÜHNERGLÜCK Im Unterschied zu den gewerblichen Hühnerfarmen können Hobbyhalter jedem einzelnen Huhn viel mehr Zeit und Aufmerksamkeit widmen. Sicher gibt es noch mehr Unterschiede: Der Hobbyhalter hat Spaß an der Hühnerhaltung, Zeit und Lust, die Tiere zu beobachten und zu versorgen, Küken zu züchten und aufzuziehen, und nebenbei werden noch gesunde Lebensmittel durch die Eier erzeugt. Und für die Hühner bedeutet eine kleine Hobbyhaltung ein glückliches Leben.

Anzahl der Tiere

Hühner sind gesellige Tiere. Innerhalb der Gruppe gibt es eine feste Rangordnung. In der Hobbyhaltung mit einigen Tieren funktioniert das wunderbar. In der gewerblichen Hühnerhaltung sind die Gruppen dagegen oft so groß, dass sich keine stabile Rangordnung bilden kann. Dadurch kann es zu andauernden Rangkämpfen kommen. Als Hobbyhalter kann man die Gruppengröße dagegen individuell gestalten. Ein sehr aktiver Hahn

Entspannung pur So sehen entspannte Hühner aus. Im Sand baden, sich putzen oder einfach nur dösen und relaxen.

Entertainment Zwischendurch gibt es etwas Unterhaltung, z. B. mit einem aufgehangten Salatkopf.

Gehirntraining Wenn es ums Futter geht, sind Hühner ganz schön clever. Der Futterball ist schnell durchschaut.

benötigt z. B. eine etwas größere Hennenschar, um die einzelne Henne durch häufige Tretakte nicht überzustrapazieren. Eine ängstliche Henne kommt in einer kleineren Gruppe besser zurecht. Und überzählige Hähne können in einer reinen Hahnengruppe untergebracht werden.

Entertainment

In jeder Tierhaltung kann Langeweile zum Problem werden. Auch bei Hühnern werden problematische Verhaltensweisen, z. B. Federrupfen, damit in Verbindung gebracht. Gegen Langeweile helfen ein großer Auslauf und die Möglichkeit ausgiebig zu laufen, zu scharren und selbst nach Nahrung zu suchen. Außerdem kann man für Abwechslung sorgen, ab und zu einige Zweige mit frischen Blättern in den Auslauf geben, z. B. von Obstbäumen. Futterbälle, die mit Leckerbissen gefüllt werden und diese nur hergeben, wenn der Ball herumgerollt wird, dienen ebenfalls als Unterhaltungsprogramm.

Grünfutter wie Kräuter oder ein Salatkopf werden in einen Futterkorb oder in ein Netz gehängt. So müssen sich die Tiere etwas einfallen lassen, um an die Leckerei zu kommen – allerdings sollten sie es auch erreichen können. Ganze Möhren oder Futterrüben verlangen ebenfalls die volle Aufmerksamkeit der Hühner und beschäftigen sie sinnvoll und artgerecht, weil man immer nur ein kleines Stück abpicken kann.

Enger Kontakt

Wer eine überschaubare Anzahl an Hühnern hat und sogar alle voneinander unterscheiden kann, ist in der Lage, Veränderungen schnell zu bemerken und notfalls einzugreifen. Verhaltensveränderungen, Verletzungen, Krankheitsanzeichen, das alles erkennt der Hobbyhalter und kann Gegenmaßnahmen ergreifen. Einzige Voraussetzung ist, dass man etwas Zeit mit den Tieren verbringt. Es reicht schon, wenn man die täglichen Fütterungen und die Reinigungsarbeiten nutzt, um die Tiere zu beobachten. Verfüttert man unterdessen noch ein paar Leckerbissen aus der Hand, hat man bald eine handzahme Hühnerschar. Das hat auch den Vorteil, dass man die Tiere auch mal untersuchen oder behandeln kann, ohne Panik in die Gruppe zu bringen.

Bestechung Mit Futter ist die Scheu rasch vergessen.

FUTTERBALL, FUTTERKORB UND
fliegender Kopfsalat

Auch Hühner können Langeweile haben. Weil sie aber nicht richtig spielen können, versuchen wir, sie mit Futter zu beschäftigen.

❶ Futterball

Im Zoofachhandel gibt es Futterbälle und Futterrollen für Hunde, Katzen und Kaninchen. Man füllt sie mit Leckerbissen. Wenn der Ball herumrollt, fallen die Leckerbissen nach und nach heraus. Das bemerken auch die Hühner und beginnen bald, den Ball hin und her zu schubsen. Du kannst den Ball mit normalem Körnerfutter füllen. Oder du machst es besonders lecker und nimmst Dosenmais oder getrocknete Mehlwürmer. Die Öffnung des Futterballs kann verstellt werden. Stelle sie so groß ein, dass das Futter zwar herausfallen kann, aber immer nur wenige Stückchen.

❷ Los geht's

Bekommen die Hühner den Ball zum ersten Mal, brauchen sie noch etwas Hilfe. Lege einige Leckerbissen neben und unter den Ball, so dass nur ein kleines Stückchen zu sehen ist. Wenn die Hühner gierig nach den Leckerbissen picken, kommt der Ball schnell in Bewegung.

Futterkorb ❸

Einen Futterkorb bekommt man im Landhandel. Der Korb wird im Stall an einem Balken oder im Auslauf an einem tief hängenden Ast aufgehängt. Der Korb sollte etwa auf Kopfhöhe der Hühner baumeln. Dann gibt man Grünfutter, z. B. einen Kopfsalat oder frisches Gras, in den Korb. Die Hühner versuchen nun, etwas aus dem Korb zu ziehen, aber der Korb baumelt hin und her und gibt die Leckerbissen nur in kleinen Portionen frei. Wer keinen Futterkorb hat, kann auch ein Einkaufsnetz verwenden.

Der fliegende Kopfsalat ❹

Du kannst den Salatkopf auch ohne Netz oder Korb aufhängen. Bohre mit einem dünnen Stock ein Loch durch den Kopfsalat und ziehe einen dicken Faden hindurch. Der Faden wird verknotet und mit dem anderen Ende wieder an einem Balken oder Ast befestigt. Und schon geht die Jagd auf den fliegenden Kopfsalat los.

MIT ODER OHNE GOCKEL?
Hahn im Korb

Gockel So zeigt der Hahn, wer der Chef im Revier ist. Er stellt sich auf und kräht.

HAHN ODER NICHT HAHN Zu einer richtigen Hühnerschar gehört ein stattlicher Hahn. Dies entspricht der allgemeinen Vorstellung einer Hühnerhofidylle aber auch der natürlichen Lebensart der Tiere. Hühnervögel, auch wildlebende, leben in einer kleinen Gruppe von Hennen mit einem Hahn. Wer eine möglichst artgerechte und natürliche Hühnerhaltung wünscht, sollte auf den Hahn nicht verzichten.

Doch es geht auch ohne Hahn. Wer nicht züchten möchte und in der Stadt oder einem eng bebauten Gebiet wohnt, scheut sich vielleicht vor der Haltung eines Hahnes, da das typische Krähen eine beachtliche Lautstärke erreichen kann. Die Gruppendynamik kann auch ohne Hahn sehr gut funktionieren und die Hühner legen dennoch Eier.

Typisch Hahn

Was macht einen Hahn aus? Er unterscheidet sich in Aussehen und Verhalten von seinen Hennen. So ist er z. B. der Beschützer der Schar und ein mutiger Hahn wird notfalls sogar Hunde, Greifvögel und Menschen angreifen, um seine Hennen zu verteidigen.

Findet der Hahn Nahrung, lockt er die Damen zum Futter. Hennen sind hingegen eher futterneidisch und fressen lieber alles alleine auf, als es zu teilen.

Harmonie Inmitten seiner Damen fühlt sich der Hahn am wohlsten und die Hühner fühlen sich beschützt und sicher.

Der Hahn versucht außerdem, die Hennen zum Nest zu locken. Damit animiert er zur Brut. Für den Züchter ist der Tretakt wichtig, also die Paarung von Hahn und Henne. Ein guter Zuchthahn sollte eine hohe Befruchtungsrate aufweisen, das heißt, dass fast alle Eier befruchtet sind und bei entsprechender Brut viele Küken heranwachsen würden. Solange man alle Eier am selben Tag einsammelt, bemerkt man keinen Unterschied und man kann die Eier bedenkenlos verzehren. Oft haben Hähne eine Lieblingshenne, die besonders oft getreten wird. Da der Hahn der Henne dabei auf den Rücken springt und sich festkrallt, kann die Henne Federn lassen und zerkratzt werden. Man sollte einem sehr aktiven Hahn lieber ein paar zusätzliche Hennen dazugesellen. Das schont und schützt die Hennen. Vorsicht ist auch bei Zwerghennen und Hähnen großer Rassen geboten.

Und noch ein Wort zum Krähen. Man kann einem Hahn das Krähen nie abgewöhnen. Ein abgedunkelter Stall, der erst um acht Uhr geöffnet wird, hält den Hahn vielleicht davon ab, im Sommer schon um vier Uhr draußen zu krähen, aber krähen wird er irgendwann doch.

Welcher Hahn soll es sein?

Haben wir uns für die Haltung mit Hahn entschieden, so bleibt die Frage, was der Hahn leisten soll. Möchten wir einen Zuchthahn, einen Beschützer oder einen umgänglichen Kuschelhahn? Wer züchten möchte, bekommt einen geeigneten Rassehahn von anderen Züchtern. Kontakte können leicht auf Geflügelausstellungen geknüpft werden. Wer einen guten Beschützer für seine Hennen sucht, nimmt vorzugsweise einen erfahrenen Hahn. Eine mittelgroße, langbeinige Rasse ohne Fußbefederung ist besonders wendig. Mut und Beschützerinstinkt sind aber bei allen Rassen vorhanden und eher eine Frage des individuellen Temperamentes. Besonders umgänglich und handzahm werden oft die selbst gezogenen Hähne. Grundsätzlich gibt es bei den Züchtern übrigens immer einen Überschuss an Hähnen.

HAHN IM KORB In diesem Film wird gezeigt, welche Stellung der Hahn in der Gruppe hat. Unter www.m.kosmos.de/13581/v6 gelangen Sie zu den gleichen Infos.

WENN HÜHNER BRÜTEN

Von Glucken & Küken

BEFRUCHTETE UND UNBEFRUCHTETE EIER Oft wird man gefragt, ob Hühner ohne Hahn überhaupt Eier legen. Ja, sie legen Eier, allerdings unbefruchtete. Im Handel findet man praktisch nur unbefruchtete Eier. Für die Eierproduktion ist ein Hahn also nicht notwendig. Möchte man züchten oder einmal Küken haben, sieht es anders aus. Dann muss ein Hahn her.

Hahn und Hennen

Während der gesamten Legeperiode sind Hennen fruchtbar. Gluckig, also bereit, um zu brüten und Küken aufzuziehen, sind sie jedoch nur phasen-weise. Der Hahn versucht häufig, die Hennen zu umwerben, er lockt sie mit Futter oder indem er das Nest präsentiert. Dann nähert er sich der Henne seitlich und scharrt dabei kräftig. Ist die Henne bereit, duckt sie sich und es kommt zum Tretakt, wie man die Paarung bei Hühnern nennt.

Brut

Ist das Huhn gluckig, so wird es einige Zeit Eier sammeln und dann mit dem Brüten beginnen. Dabei sind Glucken nicht wählerisch und brüten auch Eier fremder Hühner aus. Man kann sich sogar Eier von weiter entfernten Züchtern schi-

Tretakt Ein guter Hahn hat eine hohe Befruchtungsrate. In diesem Fall sind die meisten Eier seiner Hennen wirklich befruchtet.

Das Gelege wird nur kurz allein gelassen.

Die Glucke bebrütet die Eier und wärmt die Küken.

Die kleinen Nestflüchter folgen der Glucke.

cken lassen, denn befruchtete Eier vertragen durchaus eine mehrtägige Pause, bevor die eigentliche Brut beginnt. Die Brut dauert 21 Tage, dann schlüpfen die Küken. Oft wird die Glucke von der restlichen Schar getrennt, denn die anderen Hennen werden versuchen, der Glucke weitere Eier „unterzuschieben", auch wenn die Brut schon begonnen hat. Die Bruteier sollten daher gekennzeichnet und die anderen entfernt werden. Auch unbefruchtete Eier können entfernt werden, wenn man die Eier mit einer sogenannten Schierlampe durchleuchtet. Die starke Glühbirne lässt das Innere des Eies sichtbar werden. So können befruchtete von unbefruchteten Eiern unterschieden werden, denn der Embryo ist schon nach einigen Tagen deutlich erkennbar. Sind die Küken geschlüpft, kümmert sich die Glucke fürsorglich um die Kleinen. Sie führt sie zum Futter und wärmt sie. Verläuft sich eines und ruft, eilt die Glucke sofort zu Hilfe.

Künstliche Brut

Alternativ können befruchtete Eier in einem Brutautomaten ausgebrütet werden. Hierbei ist die Gebrauchsanweisung des Gerätes zu beachten, damit optimale Brutbedingungen herrschen. Nach dem Schlupf ziehen die Küken in eine sichere Kükenbox mit Futternapf und Kükentränke. In einer Ecke ersetzt eine oberhalb angebrachte Wärmlampe die Wärme der Glucke.

Kükenfutter

Im Handel gibt es spezielles Kükenfutter. Dieses ist einerseits fein genug, um von den kleinen Schnäbeln aufgenommen zu werden. Andererseits enthält es alle wichtigen Nährstoffe für das Wachstum der kleinen Hühnerkinder.

Vorsorge

Innerhalb des ersten Tages nach dem Schlupf sollten die Küken gegen die Mareksche Krankheit geimpft werden. Der Schlupftermin sollte daher gut geplant werden, damit der Tierarzt vorbereitet ist. Auch gegen Kokzidien kann geimpft werden. Alternativ füttert man ein Kükenfutter mit entsprechendem Wirkstoff gegen Kokzidien. Zeitgleich zur Impfung sollte dieses Futter jedoch nicht gegeben werden.

Hahn oder Henne?

Nur erfahrene Züchter können schon frühzeitig bei den Jungtieren das Geschlecht feststellen. Oft erkennt man einen Hahn erst nach der ersten großen Mauser, oder wenn er beginnt zu krähen. Je nach Rasse kann z. B. der Ansatz des Kammes Aufschluss geben. Ausnahme sind Hühnerrassen mit sogenannter Kennfärbung, bei denen sich Hahn und Henne schon als Küken farblich deutlich unterscheiden, z. B. das Bielefelder Kennhuhn.

HÜHNER, DIE SICH VERSTEHEN

Teambildung

ALTE HÜHNER, NEUE HÜHNER Wer schon eine kleine Hühnerschar besitzt und neue Tiere dazusetzen möchte, sollte bedenken, dass sich die Gruppe und damit die Rangordnung ändert. Handelt es sich bei den neuen Tieren um Junghennen, werden diese oft als vermeintlich ungefährlich ignoriert. Es gibt einige Zurechtweisungen, die die Junghennen schnell akzeptieren, und das war es oft auch schon.

Alte Hühner, alte Hühner

Handelt es sich bei den neuen Tieren um erwachsene Tiere mit einem gewissen Selbstbewusstsein, die in der vorherigen Gruppe vielleicht sogar recht ranghoch waren, kann es schon etwas handfester zugehen, denn dann muss die Rangordnung auf jeden Fall neu festgelegt werden. Einfacher ist es, wenn man einen erfahrenen Hahn besitzt. Dieser wird den neuen Hennen zunächst zeigen, wer der Chef ist. Oft ist es aber der Hahn, der sich neuen Hennen gegenüber aufgeschlossen zeigt und bei Streitereien sogar etwas ordnend eingreift.

VERHALTEN Freundschaften oder Hackordnung? Hier sehen Sie, wie es beim Federvieh zugeht. Unter www.m.kosmos.de/13581/v7 erhalten Sie die gleichen Infos.

Nie allein Hühner sind gesellige Tiere, dennoch benötigen sie etwas Zeit, um sich in eine neue Gruppe einzugliedern.

Stress Bei Unstimmigkeiten gehen sich Hühner aus dem Weg und ignorieren sich oder es kommt zum handfesten Kampf.

Freundinnen Hühner, die sich mögen, haben keine Angst vor Nähe, sie fressen zusammen und teilen sich ein Nest.

Neuer Hahn

Auch ein neuer Hahn wird von den bisherigen Hennen unter Umständen zunächst gnadenlos untergebuttert. Aber ein guter Hahn wird sich nach und nach Respekt verschaffen und in der Rangfolge aufsteigen.

Ein erfahrener Hahn kann sich schneller in einer neuen Gruppe behaupten und seinen Platz in der Herde einnehmen. Die Rolle des Hahns ist wichtig und es ist für jeden Hühnerhalter schade, der keinen Hahn halten kann. Ein guter Hahn beschützt seine Hennen und schlichtet Streit. Er führt sie zum Futter und er lockt sie zum Nest. Alles Dinge, die auch im Sinne des Hühnerhalters sind.

Tipps zur Integration

Viele Hühnerhalter versuchen die Eingewöhnung neuer Tiere mit eigenen Tricks zu fördern. Dazu werden die neuen Tiere z. B. gerne im Dunkeln zwischen die alten gesetzt. Am nächsten Morgen sitzen alle durcheinander und wundern sich nicht weiter. Andere machen es umgekehrt und sorgen dafür, dass die Neuen schon im Stall sind, wenn die Alten abends hineinkommen. Mancher setzt auch auf eine langsame Eingewöhnung. Hier werden neue und alte Tiere zwar getrennt gehalten, aber so, dass sie sich am Zaun begegnen.

Auf jeden Fall ist es sinnvoll, wenn die Neuankömmlinge nicht alleine sind. Neue Hühner sind zunächst Außenseiter in der Gruppe und fühlen sich wohler und sind selbstsicherer, wenn sie mindestens zu zweit sind. Möchten Sie Ihre Hühnerschar vergrößern, kaufen Sie also zwei oder mehr Hühner dazu.

Raufereien kann man auch mit den besten Tricks nicht ganz verhindern. Das darf man auch nicht, denn irgendwann müssen die Hühner ihre Rangordnung festlegen. Wichtig ist, dass man die Hühner gut beobachtet und mit Bedacht reagiert. Futter wird z. B. großflächig verteilt, damit nicht alle Hühner an der gleichen Stelle fressen und sich darum streiten müssen. Getrennt werden die Tiere nur, wenn es zu blutigen Verletzungen kommt oder ein Tier überhaupt nicht zum Futter gelassen wird.

Sicherheit

Neue Hühner können Krankheiten und Parasiten einschleppen. Etwas Sicherheit hat man, wenn die Hühner bei zuverlässigen Züchtern gekauft werden, die ihre Tiere regelmäßig impfen. Wer besondere Vorsicht walten lassen möchte, kann neue Tiere zunächst für zwei bis drei Wochen in Quarantäne setzen. Dies ist besonders empfehlenswert, wenn die bisherige Gruppe schon recht groß ist.

DIE KLEINE LANDWIRTSCHAFT

Lauter Eier

HOBBY BLEIBT HOBBY Hobbyhalter dürfen die Eier der eigenen Hühnerschar nicht gewerblich verkaufen. Hierzu bedarf es besonderer Kontrollen, Betriebsprüfungen, Genehmigungen usw. Eine gewerbliche Haltung liegt vor, wenn die Hühner hauptsächlich dafür gehalten werden, um damit einen finanziellen Gewinn zu erzielen.

Die Eier aus echter Hobbyhaltung sind hingegen für den Eigengebrauch bzw. für die erweiterte Selbstversorgung gedacht. Auch Familie und Freunde können davon profitieren. Man darf also Eier abgeben und dafür sogar etwas Geld annehmen, sozusagen als Futterbeteiligung.

Sicherheit geht vor

Alle Eier, egal ob aus dem Supermarkt oder aus dem eigenen Stall, haben ein gewisses Risiko, mit Salmonellen behaftet zu sein. Je älter die Eier sind, umso größer ist das Risiko. Wer Eier abgibt, sollte daher darauf hinweisen, dass diese nicht roh verzehrt werden sollten. Dies ist eine reine Vorsichtsmaßnahme.

Die meisten Hühnerhalter haben zu den Eiern der eigenen Hühner nämlich sehr großes Vertrauen und gar keine Bedenken, zumal die Eier ja unschlagbar frisch sind.

Feste drücken Diese Henne ist gerade sehr mit dem Eierlegen beschäftigt. Währenddessen sollte man sie in Ruhe lassen.

Fertig! Meistens wird mit dem typischen Gegacker der Legeerfolg verkündet, während die Henne das Nest verlässt.

Reiche Ernte Eier der eigenen Hühner. Das ist der durchschnittliche Ertrag einer bunten 15köpfigen Hühnerschar.

Eier, Eier, Eier

Eier sollten unbedingt jeden Tag eingesammelt werden. Dabei schaut man nicht nur in den Nestern nach, sondern kontrolliert auch alle Ecken im Stall und Mulden im Stroh. Um nicht den Überblick zu verlieren, wird das Legedatum auf den Eiern notiert, z. B. mit Bleistift oder einem Tagesstempel. Danach werden die Eier im Kühlschrank gelagert, aber selbst ohne Kühlschrank ist die Haltbarkeit für einige Zeit gegeben. Dies liegt an der genialen natürlichen Verpackung der Eier. Um diese nicht zu beschädigen, sollten Eier übrigens möglichst nicht gewaschen werden. Nur stark verschmutze Eier werden gereinigt und möglichst bald verbraucht.

Eier gibt es übrigens mit ganz unterschiedlicher Schalenfarbe, je nach Rasse z. B. weiß, beige, schokoladenbraun und sogar grün. Auf den Geschmack hat das aber keinen Einfluss. Gelegentlich gibt es etwas unförmige Eier oder solche mit kleinen Kalkablagerungen auf der Schale. Solange die Henne diese Eier problemlos legen kann, ist dies nur ein kleiner Schönheitsfehler.

Anders ist es bei den sogenannten Windeiern. Das sind Eier ohne Kalkschale, die nur durch die Eihaut zusammengehalten werden. Hier muss dringend Kalk zugefüttert werden.

Zu viele Eier, zu wenige Eier

Im Frühjahr, zu Beginn der Legesaison, gibt es oft eine regelrechte Eierflut. Das ist die richtige Zeit, um die Nachbarn, die geduldig das Krähen der Hähne aushalten, mit geschenkten Eiern milde zu stimmen. Auch wir können einen kleinen Vorrat anlegen, indem man Eier aufschlägt und einfriert. Aufgetaut können diese zum Backen oder Kochen verwendet werden. So kann man die winterliche Legepause etwas überbrücken. Auch hier gilt: Nicht roh essen. Die Legepause wird übrigens über die Dauer des Tageslichts gesteuert und nicht über die Temperatur. Wer sie verkürzen will, kann dies mit entsprechender Stallbeleuchtung regeln. Hierzu lässt man nach Sonnenuntergang im Stall noch ein paar Stunden das Licht brennen. Die meisten Hühnerhalter gönnen ihren Tieren aber die wohlverdiente Legepause, die auch der Gesundheit der Tiere zugutekommt.

Ein Wort zum Schlachten

Hühnerhalter müssen nicht schlachten. Viele tun es aber, zumindest gelegentlich. Wer seine Hühner auch schlachten möchte, muss sich an bestimmte Regeln halten, die man z. B. in entsprechenden Kursen lernen kann. Diese Kurse werden von einigen Geflügelvereinen organisiert. Der Anfänger benötigt auf jeden Fall eine qualifizierte Anleitung und sollte zunächst mehrmals zuschauen, bevor er selbst Hand anlegt.

EIER LEGEN Werfen Sie einen Blick ins Nest und erfahren Sie alles über das Hühnerei. Unter www.m.kosmos.de/13581/v8 erhalten Sie die gleichen Infos.

SCHLECHTE ANGEWOHNHEITEN
Probleme lösen

REGER AUSTAUSCH Anders als Hundehalter treffen sich Hühnerfreunde nicht jeden Tag beim Gassigehen. Dennoch pflegen viele von ihnen rege Kontakte untereinander, z. B. im Geflügelzüchterverein oder im Internet. Dabei werden auch Tipps für kleine und größere Probleme ausgetauscht. Häufig geht es um folgende Themen.

Eierfressen

Hühner, die Eier fressen, können ein echtes Problem werden und mancher Hühnerhalter wusste sich nur zu helfen, indem er den Übeltäter geschlachtet hat. Wenn sich die Tiere das Eierfressen angewöhnt haben, ist es schwer, dagegen anzugehen.

Eine ausgewogene Ernährung verhindert, dass die Hühner vor Hunger oder durch Mangelerscheinungen Eier fressen. Hier sind vor allem genügend Eiweiß und Kalk wichtig. Eier mit fester Schale werden übrigens seltener gefressen. Da Eier außerhalb des Nestes häufiger gefressen werden als solche im Nest, ist es wichtig, dass alle Hennen die Nester annehmen und ihre Eier ausschließlich dort legen. Manche Hennen wollen ein offenes Nest, andere ein Dach über dem

Kostbare Eier Hühner wissen wie kostbar Eier sind. Geht eines kaputt, so wird nichts verschwendet, sondern sofort gefressen.

Achtung Es darf nicht zur Angewohnheit werden. Picken Hühner die Eier absichtlich auf, ist es höchste Zeit zu handeln.

Kopf. Auch mit dem Nistmaterial und dem Standort der Nester kann etwas experimentiert werden. Damit die Versuchung nicht zu lange anhält, sollten die Eier immer so schnell wie möglich eingesammelt werden.

Haben sich einige Hühner das Fressen von Eiern erst einmal angewöhnt, hilft ein Abrollnest, bei dem die Eier nach dem Legen sofort in eine Schublade rollen. Früher wurden manchmal Eier ausgeblasen und mit Senf, Tabasco oder Spülmittel gefüllt, um die Täter durch den üblen Geschmack für immer zu beeindrucken. Einen Versuch mag dies wert sein, doch man sollte nicht zu lange mit anderen Maßnahmen warten, weil die restlichen Hühner sich das Verhalten abschauen.

Unerwünschtes Glucken

Je nach Rasse haben Hühner einen unterschiedlich starken Drang zu glucken. Auch wer nicht züchten will, wird ab und zu Glucken haben. Diese sitzen dann beharrlich auf dem Nest und brüten, wobei es gleichgültig ist, ob die Eier befruchtet sind oder sogar täglich entfernt werden. Man kann das Huhn eine Zeit lang gewähren lassen, damit es diesen Trieb ein wenig ausleben kann. Gewöhnlich bricht man es aber ab, da das innere Programm wegen mangelnder Küken ohnehin nicht vollständig ablaufen kann. Außerdem legen Glucken keine Eier. Für den Abbruch gibt es verschiedene Methoden, von denen einige nicht artgerecht sind. Tatsächlich reicht es meistens, wenn man es der Glucke etwas ungemütlich macht. Für mindestens zwei bis drei Tage sperrt man das Huhn in einen kleinen Einzelkäfig. In diesen gibt man nur wenig Einstreu, so dass kein „Nest-Feeling" aufkommt. Bei sehr hartnäckigen Glucken wird die Einzelhaft etwas verlängert.

Federpicken

Es kommt gelegentlich vor, dass ein Huhn den anderen Tieren Federn ausrupft und manchmal sogar frisst. Da die gerupften Hühner darunter leiden und auch Wunden entstehen, die sich entzünden können, muss bald dagegen vorgegangen werden. Eine Futteroptimierung kann manchmal helfen. Auch die Gabe von Bierhefe soll schon Erfolg gehabt haben, ebenso wie eine Vergrößerung des Auslaufes. Außerdem gibt es übel riechende und schmeckende Mittel, die auf alle Hühner gesprüht werden. Der Übeltäter wird dadurch abgeschreckt, allerdings ist die Wirkung nicht unbedingt dauerhaft. Tritt keine Besserung ein, muss das rupfende Huhn isoliert werden. Man kann es in eine kleine, sehr dominante Truppe mit einem erfahrenen Hahn und großem Auslauf umsetzen. Wenn auch das nichts hilft, muss man letztlich entscheiden, ob das Tier dauerhaft in Einzelhaft gehalten werden soll oder ob es geschlachtet werden muss.

Übermotiviert Will das Huhn glucken, kann man es eine Zeit lang gewähren lassen. Nach 2 – 3 Wochen wird entwöhnt.

Hühner-
SERVICE

Zum Weiterlesen

Graham, Chris: **Hühner. Halten und pflegen. Über 50 Hühnerrassen im Porträt.** Kosmos

Schiffer, Katrin und Carola Hotze: **Hühner halten – artgerecht und natürlich**. Kosmos

Schmidt, Horst und Rudi Proll: **Taschenatlas Hühner und Zwerghühner.** Ulmer

Schwarz, Walter und Armin Six: **Der große Geflügelstandard Bd. 1. Hühner, Truthühner, Perlhühner.** Oertel und Spörer

Stern-Les Landes, Alice: **Geflügel. Natürlich und artgerecht halten. Hühner, Enten, Gänse, Puten.** Kosmos

Woernle, Hellmut und Silvia Jodas: **Patient Tier. Geflügelkrankheiten.** Ulmer

Zum Weiterklicken

Hühner-Infos

www.huehner-info.de
Hier gibt es wirklich alles. Tipps zur Haltung, Anzeigen von Firmen, die Zubehör liefern, ein riesiges Forum und vieles mehr. Züchter bieten Bruteier, Küken und ausgewachsene Tiere an.

www.vhgw.de
Verband der Hühner-, Groß- und Wassergeflügelzüchtervereine zur Erhaltung der Arten- und Rassenvielfalt e.V.. Hier findet man auch einen regionalen Verband in der näheren Umgebung.

www.bdrg.de
Bund Deutscher Rassegeflügelzüchter e.V.. Hilft bei der Suche nach einem Verein in der näheren Umgebung oder Züchtern von speziellen Rassen.

Zubehör

www.axt-electronic.eu
Hersteller und Vertreiber einer automatischen Hühnerklappe.

www.huehnerhaus-mobil.de
Informationen und Ställe zur mobilen Hühnerhaltung für kleine Herden.

www.siepmann.net
Online-Händler für landwirtschaftlichen Bedarf. Hier gibt es jede Menge Zubehör für die Hühnerhaltung.

www.westfalia.de
Online-Händler für landwirtschaftlichen Bedarf. Hier gibt es Stallausrüstung.

Die Autorin

Das Herz von Anja Steinkamp – promovierte Biologin – schlägt für Heim- und Haustiere und ganz besonders für Hühner. Ihre Liebe zu den Tieren hat sie zum Beruf gemacht: Sie leitet den Verbraucherservice eines namhaften Futtermittelherstellers und steht Heimtierhaltern beratend zur Seite. Selbst hält sie schon seit vielen Jahren eine Hühnergruppe mit 15 Hennen im städtischen Raum.
Sie können sich mit Ihren Fragen an Anja Steinkamp wenden. Mailen Sie an die „KOSMOS-Infoline". heimtier-infoline@kosmos.de

Danke

Ein herzliches Dankeschön geht an alle Hühnerhalter, die ihre Tiere für das Fotoshooting zur Verfügung gestellt haben sowie Tom und Henri, die mit Elan Futterbrei angerührt haben. Ebenso bedanken wir uns bei den Hühnerfreunden, die beim Dreh der Filme für die QR-Codes mitgewirkt haben. Und natürlich auch ein dicker Dank an das Federvieh. Ohne die Mithilfe aller Beteiligten vor und hinter den Kulissen wäre es nicht so ein schönes Buch geworden.

Register

Bildnachweis

69 Farbfotos wurden von Tina Müller/Kosmos für dieses Buch aufgenommen.
Weitere Farbfotos von Oliver Giel (1; S. 50), Carola Hotze (24; S. 17 l., 19, 21, 26 beide, 29 alle 3, 30 M., 31 drittes von o., 39, 42, 43, 51 alle 3, 61 u., 64 o., 65 o., 66, 67, 69 M., 69 r., 75), Juniors Bildarchiv (9; S. 8, 14, 15 l., 22, 23 beide, 61 o.l. und o.r., 68) Alice Rieger (2; S. 20 beide), Irina Steinkamp (9; S. 38 beide, 45 o., 53 beide, 63 o.l. und o.r., 64 u., 65 u., 73, 78 o.) Tiefotoagentur.de/Schwertfeger (1; S. 70).

Impressum

Umschlaggestaltung von GRAMISCI Editorialdesign unter Verwendung von zwei Farbfotos von Tina Müller/Kosmos.

Mit 124 Farbfotos.

Alle Angaben in diesem Buch erfolgen nach bestem Wissen und Gewissen. Sorgfalt bei der Umsetzung ist indes dennoch geboten. Der Verlag und die Autorin übernehmen keinerlei Haftung für Personen-, Sach- oder Vermögensschäden, die aus der Anwendung der vorgestellten Materialien und Methoden entstehen könnten. Es wird empfohlen, für die Online-Zusatzangebote WLAN zu verwenden. Das mobile Surfen ohne WLAN kann dazu führen, dass zusätzliche Kosten für die Datennutzung bei Ihrem Mobilfunkanbieter entstehen.

Unser gesamtes lieferbares Programm und viele weitere Informationen zu unseren Büchern, Spielen, Experimentierkästen, DVDs, Autoren und Aktivitäten finden Sie unter **kosmos.de**

Gedruckt auf chlorfrei gebleichtem Papier

© 2014, Franckh-Kosmos Verlags-GmbH & Co. KG, Stuttgart.
Alle Rechte vorbehalten
ISBN 978-3-440-13581-5
Redaktion: Alice Rieger
Gestaltungskonzept: GRAMISCI Editorialdesign, München
Gestaltung und Satz: Atelier Krohmer, Dettingen/Erms
Produktion: Eva Schmidt
Printed in Italy / Imprimé en Italie

FSC
www.fsc.org
MIX
Papier aus ver-
antwortungsvollen
Quellen
FSC® C023164